草地生态与牧区经济耦合共生的理论与实证研究

李雪敏 吕君 武振国 著

CAODI SHENGTAI
YU MUQU JINGJI OUHE GONGSHENG DE
LILUN YU SHIZHENG YANJIU

中国财经出版传媒集团
中国财政经济出版社
北京

图书在版编目（CIP）数据

草地生态与牧区经济耦合共生的理论与实证研究／
李雪敏，吕君，武振国著 . -- 北京：中国财政经济出版
社，2023.11

ISBN 978 - 7 - 5223 - 2448 - 7

Ⅰ.①草…　Ⅱ.①李…②吕…③武…　Ⅲ.①草地－
草原生态系统－关系－牧区－区域经济发展－研究－内蒙
古　Ⅳ.①S812.29②F326.372.6

中国国家版本馆 CIP 数据核字（2023）第 159873 号

责任编辑：张　铮　　　　　　责任印制：张　健
封面设计：卜建辰　　　　　　责任校对：徐艳丽

草地生态与牧区经济耦合共生的理论与实证研究

CAODI SHENGTAI YU MUQU JINGJI OUHE GONGSHENG DE LILUN YU SHIZHENG YANJIU

中国财政经济出版社 出版

URL：http://www.cfeph.cn

E－mail：cfeph@cfeph.cn

社址：北京市海淀区阜成路甲 28 号　邮政编码：100142

营销中心电话：010 - 88191522

天猫网店：中国财政经济出版社旗舰店

网址：https://zgczjjcbs.tmall.com

北京财经印刷厂印刷　各地新华书店经销

成品尺寸：170mm×240mm　16 开　11.25 印张　173 000 字

2023 年 11 月第 1 版　2023 年 11 月北京第 1 次印刷

定价：50.00 元

ISBN 978 - 7 - 5223 - 2448 - 7

（图书出现印装问题，本社负责调换，电话：010 - 88190548）

本社质量投诉电话：010 - 88190744

打击盗版举报热线：010 - 88191661　QQ：2242791300

前　言

中国式现代化是体现"绿色""可持续发展"的现代化，是将生态文明建设融入全局发展中的现代化。党的二十大报告指出，尊重自然、顺应自然、保护自然，是全面建设社会主义现代化国家的内在要求。

草地是我国重要的自然资源和生态系统，具有防风固沙、保持水土、涵养水源、调节气候、维护生物多样性等重要生态功能，是我国主要大江大河的发源地，是阻止土地荒漠化的前沿阵地，是实现碳达峰、碳中和目标的重要支撑，是我国重要的绿色生态屏障，对维护国家生态安全、促进牧区经济发展、加强民族团结、巩固边疆稳定、传承草原生态文化等方面具有不可替代的重要作用。近年来，国家加大了对草原生态保护修复的投入和支持，出台了一系列政策措施，实施了退耕还草、京津风沙源治理、草原生态保护奖补、草原生态移民、草原监测预警、荒漠化治理、草种基地建设等重点工程，这些举措有效缓解了由于长期的过度放牧、不合理的利用和干扰以及气候变化等因素导致的草原一度严重退化和破坏、草畜矛盾突出、草原生态环境恶化等问题，提高了草原植被盖度和净初级生产力，改善了草原生态环境质量。然而，草地"治理速度"滞后于"退化速度"的被动局面仍未从根本上扭转，仍面临着诸多挑战和困难。一是草原退化形势依然严峻。我国90%左右的天然草原出现不同程度的退化，中度和重度退化约占30%，主要表现为植被盖度降低、优势种减少、植物多样性下降、土壤侵蚀加剧等。二是草畜矛盾依然突出。我国天然草原载畜率仍高于世界平均水平，部分地区超载过牧现象普遍存在，导致草原植被恢复缓慢、土壤肥力下降、水源涵养能力减弱等。三是气候变化影响不容忽视。我国草原大部分位于高寒干旱或半干旱区域，对气候变化非常敏感。

近年来，全球气候变暖导致我国草原区域温度升高、降水减少、干旱加剧、灾害频发等，对草地生态系统造成了不利影响。故深入了解草原生态环境状况，厘清草地生态系统服务现状和空间格局，科学配置草地生态系统服务功能，科学探索草地生态与牧区经济的耦合共生具有重要意义。

同时，草原是人类早期文明的发源地，是中华文明的重要组成部分。草原上孕育了丰富多彩的民族文化和草原文化，这些文化是我国多元一体的中华文化的重要组成部分，是我国全面建设社会主义现代化国家的民族精神和文化自信的重要支撑。我国60%以上的陆地边境线位于草原地区，其中包括内蒙古、西藏、新疆等多个边疆省区，草原牧区不仅是我国国家安全和统一的战略屏障，也是我国参与"一带一路"建设和开放合作的重要通道。所以，加强草原生态保护修复，推行草原休养生息、合理利用政策，促进草原生态系统健康稳定，提升草原在保持水土、涵养水源、防止荒漠化、应对气候变化、维护生物多样性等方面的支持服务功能，推进草原治理体系和治理能力现代化，推动草原地区绿色发展，是建设文化强国和筑牢国家安全屏障的重要举措。统筹推进内蒙古草地生态保护和修复工作、实现区域社会经济可持续发展更是推动牧区实现中国式现代化的应有之义。

站在人与自然和谐共生的高度谋划草原牧区发展，必须牢固树立和践行绿水青山就是金山银山的理念，以习近平新时代中国特色社会主义思想为指导，围绕"加快发展方式绿色转型""深入推进环境污染治理""提升生态系统多样性、稳定性、持续性"和"积极稳妥推进碳达峰碳中和"的"四条主线"进一步布局，为我国可持续发展做出力所能及的贡献。在保护修复草原生态功能的前提下，通过科学规划、合理布局、优化结构、创新模式等方式，建立以草为本、以畜为辅、以人为核心的草原生态与牧区经济耦合共生模式，即在保护修复草原生态的基础上，发展适应草原资源特点和市场需求的畜牧业和相关产业，实现草原资源与畜牧业及其相关产业之间的良性互动，提高草原资源利用效率和价值，增加农牧民收入和福祉，促进草原文化传承和创新，推进草原生态与牧区经济实现生态优先、节约集约、绿色低碳的协调发展。

著者

2023 年 6 月 19 日

目　录

第一章 导 论

第一节 研究背景与意义

一、研究背景

党的十八大以来，中央将生态文明建设放在突出的战略位置，健康的生态环境是人类生存与发展的基础，也是实现经济发展的必要条件。生态环境保护和经济发展是辩证统一、相辅相成的关系。绿水青山就是金山银山的理念，指明了生态保护和经济发展相互促进、协同共生的新路径，保护生态环境就是保护自然价值和增值自然资本，就是保护经济社会发展的潜力和后劲。然而，在过去较长的历史时期中，过度追求经济效益的同时造成生态系统服务功能被忽视，各地区出现草地退化、森林破坏、河湖干涸等不同程度的生态退化，使得人类福祉与生态系统服务的关系愈加失衡。一方面随着科学技术与经济水平的提升，人类对生活质量的要求不断提高，从注重生态系统提供的某一类型或单一维度服务转变为对多维度综合性服务的追求；另一方面，人类对自然资源开发与索取造成的气候环境恶化，削弱了原有的生态系统服务效应，逐渐形成人类需求提升但生态系统退化的矛盾局面。如何化解矛盾、正确处理生态保护与经济发展间的关系、实现人与自然和谐可持续发展是目前生态学、经济学等多个学科领域热议的话题。

经济要生态，生态要发展。当生态系统达到或超过其承载能力，生态系统服务功能逐渐下降，便会制约生态系统与经济的协调可持续发展。在此背景下，随着人类对生态系统及其服务功能重要性的认识不断提高，生态系统服务便成为学术界长期关注的主题之一。生态系统服务（Ecosystem

Services，ESs）是生态系统及生态过程所形成和维持的，人类赖以生存和发展必不可少的环境条件与效用，是人类直接或间接从生态系统中获得的惠益。生态系统所提供的服务类型多样，包括提供农业灌溉、水产养殖、流域用水的供给服务；进行洪水调蓄、水质调节、土壤保持的调节服务；具有娱乐、美学、精神与宗教价值的文化服务，以及保证土壤形成、营养循环、水循环的支持服务。自千年生态系统评估（Millennium Ecosystem Assessment，MA）计划启动以来，国内外学者围绕"为人类社会发展而改善生态系统"的主题，对生态系统服务的基本内涵与类型、各生态服务间的相互关系、生态系统与经济发展的关系、生态系统服务利益相关方在不同尺度下的反映以及生态系统服务的各类反馈机制逐渐展开研究。随着研究的逐渐深入，研究对象也愈加丰富且具体，除森林、河谷、山地等生态系统逐渐被人们所了解，草地作为生态系统的重要组成部分，也成为主要的研究对象。

我国草地资源十分丰富，可利用面积约为 $3.9 \times 10^{8} \, \text{hm}^{2}$，占世界草地面积的 13%，约占我国国土总面积的 41%，属我国陆地上占地面积最广阔的生态系统。其中，我国北方草地总面积约占全国的 3/4，主要分布在新疆、西藏、内蒙古、青海、甘肃、四川等 6 个省份，并以内蒙古高原为中心呈连续分布状态，构成了亚欧大陆草原的东翼。草地生态系统不仅能提供人类社会发展所必须的农牧产品与动植物资源，对于保护生物多样性、维持生态平衡、修复环境屏障还有着重要作用。然而，由于气候变化、人类过度开垦和放牧等原因，我国有 90% 左右的天然草地处于不同程度的退化之中，草地生态系统服务功能日益衰减，严重威胁着地区经济可持续发展以及国家生态安全。生态系统服务物质量和价值量作为衡量生态系统服务的核心指标，其首先引起国内外学术界的高度关注；经济发展势必会挤占生态空间，如何评价且实现生态系统与经济的耦合共生也逐渐进入相关学者研究的视线。纵观相关研究成果，草地生态系统服务以及草地生态系统与经济协同关系的研究还不够深入，仍存在草地生态系统服务价值衡量标准较少、对草地生态系统服务作用机制认识不足、草地生态与经济耦合共生的实证研究缺乏等问题。鉴于此，本研究围绕上述问题逐一展开讨论和探究。

二、研究意义

生态系统服务之间并不是相互独立存在的，而是存在错综复杂的密切联系，服务与服务之间相互联系、相互影响、互相交互，存在着权衡或协调关系。正确了解生态系统服务权衡/协同的作用特点、表现方式、驱动机制和尺度效应，有助于优化生态系统服务管理。当前，草地生态系统的相关研究正在由多功能性认识向不同服务功能评估深化拓展，但研究多数集中于某一类型或单一维度的服务研究（王洋洋等，2019；张雪峰等，2016；吴丹等，2016等），而厘清生态系统服务间在不同时空尺度的交互作用关系以及人类活动与生态系统服务之间的关系才是草地生态系统服务研究的关键。基于此，本书开展内蒙古草地生态系统服务权衡关系及驱动机制研究，对于优化草地生态系统服务具有重要意义。

生态与经济耦合共生是我国经济绿色高质量发展的关键，但关于生态与经济耦合共生的理论和实证研究少之又少。理论层面，开展生态与经济耦合共生研究对于深化可持续发展理论和相关经济学理论具有重要的意义。耦合共生理论是建立在可持续发展理论、生态经济学理论等基础之上的，对于耦合共生理论的研究可以丰富其他相关理论研究。现实层面，内蒙古作为北疆重要的生态安全屏障和西部典型的资源型地区，目前关于自然生态与经济发展耦合共生关系的研究相对较少，开展草地生态与牧区经济耦合共生研究对于保护我国北疆生态安全、推动经济健康持续发展具有重要的现实意义，相关研究成果也可为全国其他地区生态与经济的绿色可持续发展提供参考和借鉴。

（一）理论及学术意义

1. 丰富草地生态价值评估的理论研究

第一，在多学科的理论指导下构建起草地生态系统服务价值评估的理论框架，将生态学、地理学重要理论作为评估指标界定的基础，参考经济学中各经典概念与理论（如效用、区位、均衡等），利用多学科交叉融合带来的新思路与方法，给予草地生态系统服务以更准确合理的理论研究。

定量评估内蒙古草地生态系统服务间相互关系的时空特征，研究其在时间上的非线性变化以及空间上的分布异质性，是对草地生态系统服务效应评估理论研究的有益补充，也能够为生态系统服务间交互关系研究提供案例支撑。

第二，通过揭示内蒙古草地生态系统服务之间动态关系及权衡协同效应，有助于厘清生态系统服务间的快变化（供给服务）与慢变化（调节服务）的相互作用关系，分析供给服务、调节服务和文化服务间权衡协同关系及其主要影响因素，进而科学指导和合理配置草地生态系统服务功能，为统筹推进草地生态保护和修复工作、维持草地生态系统过程的良性发展提供重要的理论支撑。

2. 拓展草地生态与牧区经济耦合共生发展研究视角

第一，五大牧区经济系统综合评价指标体系立足牧区自然资源丰富但生态系统脆弱的现实特征，围绕经济系统稳定性与协调性两大目标，创新性地融入生态文明理念，通过加入资源约束、人与自然协调两方面的考量，更加全面科学地展现牧区经济系统的平衡状况、变化趋势、发展后劲。

第二，将生物种群共生理论引入生态和经济耦合共生发展的研究领域中，基于牧区经济子系统与草地生态子系统的耦合共生机理，分析草地生态与牧区经济系统相互作用的规律，以及耦合共生发展的内部结构关系与演化规律，从全新的视角分析草地生态与牧区经济复合系统的发展，完善草地生态与牧区经济复合系统分析的理论基础。同时，通过构造社会经济 - 自然生态 Lotka - Volterra 耦合共生模型并结合 DPSIR 模型来测度生态 - 经济复合系统的状态及水平，为分析草地生态和牧区经济系统及各子系统的耦合发展能力、耦合发展演化规律以及影响因素等提供新的研究思路。

（二）现实意义

1. 为草地生态保护与治理修复提供参考和借鉴

草地作为独立而庞杂的生态系统，与自然、生物维持着变化缓慢且运动稳定的状态。然而，在人类活动与自然因素的共同作用下，生物系统开始逆向演替，草地退化加剧，严重程度由山地区、丘陵区向高平原区逐渐递增（王云霞，2020）。本研究以内蒙古草地生态系统为实证研究对象，从草地利用变化时空格局、草地生态系统服务类型和价值构成、草地生态系统权衡与协同关系等方面展开定性与定量分析，寻求发展与保护的平衡点，有助于深入认识研究牧区草地生态系统，以协助决策者因地制宜地制定相应的管理决策，以期为其他生态脆弱地区草地的生态保护与治理修复提供参考和借鉴。

2. 为草地生态与牧区经济健康协调发展提供理论支持

基于内蒙古草地2000—2020年的数据，对牧区经济系统综合发展水平及草地生态和牧区经济复合系统的耦合共生发展水平的实证分析，有利于正确了解生态文明建设及绿色可持续发展背景下草地生态和牧区经济复合系统耦合作用能力的大小及其子系统的耦合程度。通过对草地生态和牧区经济系统耦合发展演化规律及其影响因素进行深入分析，有利于深入了解影响因素对草地生态和牧区经济复合系统及其子系统耦合发展的影响关系，为解决草地生态和牧区经济复合系统耦合共生及健康协调发展问题提供理论基础和数据支撑，也可为全国其他地区生态与经济的绿色可持续发展提供借鉴。

第二节　研究思路与结构

一、研究思路

本研究基于实证研究区的区位因素等差异，以不同空间与时间尺度下的内蒙古草地资源状况、对应的生态服务价值变动情况与社会经济状况作为研究对象，选择区域内2000年、2010年和2020年三个年份的草地相关数据、土地利用数据、社会经济数据、遥感数据与气象数据等，基于Arc-GIS、ENVI、SPSS与Stata等地理信息、计量经济分析软件平台，以生态 - 经济耦合共生为逻辑基础与科学起点，一方面运用遥感、气象与社会经济等原始数据，利用草地利用转移矩阵宏观把握内蒙古草地利用的时空演变，在此基础上通过InVEST模型、CASA模型对内蒙古草地生态系统提供的初级净生产力、牧草产品、营养物质循环、水土保持，涵养水源，固碳六种生态系统服务价值，并利用冷热点分析探究 2000—2020 年间生态系统服务协同与权衡关系的时空格局分布与演变规律，并结合人类经济活动和自然界中的内在驱动力与变迁因素，剖析影响内蒙古草地生态系统服务评估与时空权衡关系的主要驱动因素。

融合可持续发展理念、科学发展观与生态文明理论，构建牧区经济系统综合发展水平评价框架，为更好地体现内蒙古牧区经济系统综合发展水平，选择全国五大牧区省份之新疆、西藏、青海和甘肃作为横向对比研究对象，从发展、可持续与统筹三维角度对五大牧区经济系统进行测度与分析。最后，在对生态与经济耦合共生发展理论、经济发展 – 生态环境 – 资源容量动态机理考量的基础上，借助 DPSIR 框架思路构建内蒙古草地生态与牧区经济系统复合评价指标体系，利用熵权法、Lotka – Volterra 共生耦合测度模型对共生系统特征指数簇内各指数的绝对量、相对量、变化方向与程度进行测度，通过竞争指数与共生指数将两系统间关系分为生态强利、生态弱利、互害竞争、生态强害、生态弱害、互利共生六类，从而探析内蒙古草地生态与牧区经济系统的耦合共生度、相对发展度及其对应的时序与空间变化特征，并通过原因回溯解耦的方式分析研究区 2000 年、2010 年、2020 年草地生态与经济发展系统耦合共生变化的主要驱动因素，并综合研究结论，提出优化草地生态系统服务功能、提升牧区经济发展质量与稳定性、促进草地生态与牧区经济可持续经营与管理的科学合理对策与建议。本书技术路线图如 1 – 1 所示。

二、研究内容

本书主要研究内容共包括七章，具体结构安排如下：

第一章是导论部分。对本书研究的背景及意义、思路、方法、内容和创新之处进行叙述。首先以生态系统与区域经济发展的交互关系成为当今研究热点的政策背景、研究范围等作为切入点，阐述生态与经济耦合共生研究的迫切性及其重要性，从草地生态系统服务功能及其互动机制角度提出研究问题，并且阐述了研究的理论意义及现实意义；在研究结构部分，

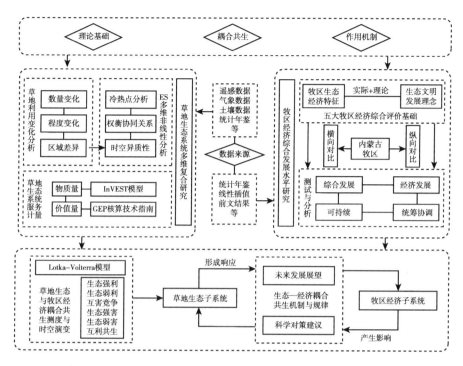

图 1 - 1　研究技术路线图

主要介绍本书写作思路、运用的研究方法及主要研究内容；随后对本研究可能的创新之处进行阐述。

第二章是文献综述与理论研究部分。运用文献计量分析法，从较宏观维度把握草地生态与牧区经济研究视角、路径与核心观点演进脉络，并利用 CiteSpace 工具进行科学知识图谱可视化分析。在梳理国内外关于草地生态与牧区经济耦合共生、生态系统服务及草地生态系统服务的相关研究基础上，明晰研究对象的范围和重点研究方面；整合草地生态系统服务的相互作用与权衡协同机制的研究，在明确草地生态系统服务概念与分类的基础上，对草地生态系统的评估方法、权衡协同效应及其驱动因素进行梳理、归纳和总结，提出当前存在的问题并进行评述性小结。理论基础部分，以多学科融合为视角系统地梳理草地生态系统服务评估及其时空权衡关系、生态与经济协调发展等相关理论，从中分析并解释在草地生态系统服务评价指标的建立及评价过程中所应遵循的理论基础，为下文深入研究奠定理论基础。

第三章是生态与经济耦合共生实证的逻辑基础部分。按照"内涵-特征-机理"的分析顺序,通过厘清耦合、共生、系统三个基础概念,将生态系统、经济系统与耦合共生理论相结合,分别从系统论与耦合共生论两个视角分析生态与经济之间非线性、多元耦合的关系。根据两系统间"非耦合-耦合-非耦合-再耦合"的演变特征,从正向与负向的双重维度揭示生态系统与经济系统存在的约束机制与促进机制。此外,对实证研究对象的选择思路、研究区的区域概况、实证研究的数据来源进行阐述,为后续草地生态与牧区经济耦合共生探析、草地生态系统服务定量分析的奠定基础。

第四章是内蒙古草地生态系统服务评估研究部分。主要包括内蒙古草地利用变化时空演变、草地生态系统服务评估及服务价值时空异质性和草地生态系统服务权衡与协同关系。草地利用变化时空演变层面,主要从内蒙古草地利用变化和草地利用转移矩阵两方面进行分析,首先在明晰内蒙古草地覆盖空间分布特征的基础上,对内蒙古草地面积以及覆盖程度进行动态对比分析,以此得出内蒙古草地利用变化的时空格局;其次使用Arc-GIS工具对内蒙古草地空间转移以及面积变化进行分析,得出内蒙古草地的变化趋势以及分布状态,在此基础上把握内蒙古草地整体的时空发展动态概况。草地生态系统服务评估层面,利用InVEST模型、CASA模型对草地生态系统服务价值进行计量并进行增减益分析,通过对计算结果进行动态对比,揭示内蒙古草地生态系统服务价值构成的差异性,在此基础上对草地生态系统服务价值的时空异质性进行时间序列变化以及空间异质性进行剖析。草地生态系统服务权衡与协同关系层面,通过双变量相关性明晰草地生态系统各服务间性质与数量的相关关系,对内蒙古草地生态系统服务权衡与协同展现出的特征进行深入探究,并分析权衡协同关系的时空演变特征;基于内蒙古草地驱动因素类型的不同,分别对自然因素和人文因素的类型、相互关系以及带来的影响进行分析,从而揭示内蒙古草地生态系统服务空间演变特征,为后续内蒙古草地利用及其生态恢复提供科学支持。

第五章是内蒙古经济系统综合发展评价实证研究部分。为更好地体现内蒙古牧区经济系统综合发展水平,选择全国五大牧区省份的新疆、西藏、青海、甘肃作为横向对比研究对象。在生态文明发展理念的指引下，结合已有相关的研究基础构建了牧区经济系统综合发展水平评价体系。从综合发展水平、经济发展指数水平、可持续发展指数水平、统筹协调指数水平四个维度，从宏观到微观、由横向至纵向，从贫富差距、城乡发展、区域发展、人与自然、经济与社会发展多角度来综合评价内蒙古经济系统的稳定性和协调性。

第六章是草地生态与牧区经济耦合共生实证研究部分。在对生态与经济耦合共生发展理论、经济发展－生态环境－资源容量动态机理考量的基础上，借助 DPSIR 理论框架思路，构建更具现实意义的草地生态与牧区经济复合系统评价指标体系。再利用牧区经济受力系数、草地生态受力系数、草地生态对牧区经济的竞争系数以及牧区经济对草地生态的竞争系数建立竞争与共生特征指数簇，通过指数簇内数量、方向与对应的动态变化，对草地生态与牧区经济系统的耦合共生度、相对发展度及其对应的时序与空间变化特征进行分析。运用 Lotka－Volterra 共生耦合测度模型并结合熵权法进行指标赋权与实证计量，依照竞争与共生特征指数簇的计算结果将两系统关系定义为生态强利、生态弱利、互害竞争、生态强害、生态弱害、互利共生六类，并通过原因回溯解耦的方式，结合中央政府与地方政府历年的政策动向，分析内蒙古 2000 年、2010 年、2020 年三个时点及时段内草地生态与经济发展系统耦合共生变化的影响因素。

第七章是结论与对策建议。对内蒙古草地生态系统服务、草地生态与牧区经济耦合共生研究的现状以及本研究结论进行评述，从理论研究与现实情况两方面提出现阶段研究的薄弱环节，并以此提出促进生态与经济耦合共生的相关对策及未来研究展望。

三、研究方法

（一）文献分析法

通过阅读国内外相关参考文献，对生态与经济耦合共生、经济发展综合评价理论与方法、草地生态系统服务、草地生态系统服务价值评估方法和草地生态系统服务权衡与协同等研究成果进行梳理与总结，明晰生态系统服务的基本概念、社会与经济系统耦合共生的机制机理，对文献中应用的相关理论和方法进行总结提取，确定适用于本文的理论基础和分析方法，进而为开展本研究奠定理论基础。

（二）科学知识图谱分析法

科学知识图谱（Mapping Knowledge Domains）可理解为科学知识可视化或科学知识领域映射地图，是指展现科学知识发展脉络、结构逻辑等关系的系列图形。通过应用数学、信息科学、绘图学等理论与计量学相结合从而实现引文、共现等分析目标，具有多学科融合特点，属于科学计量学的一大创新。

本书在厘清综述类文献中工具与内涵关系的基础上，通过CNKI获取文献计量分析的原始数据支撑，探究草地生态与牧区经济的研究热点与趋势，运用科学知识图谱法从宏观维度把握草地生态与牧区经济研究视角、路径与核心观点演进脉络，以期对草地生态与牧区经济研究体系进行客观、科学的论述。

（三）实证研究法

以地理学、生态学、经济学等多学科理论为基础，选择内蒙古作为实证研究对象，通过对内蒙古草地生态系统及牧区经济系统的调查与分析，利用所获取的数据资料，探究内蒙古草地生态及牧区经济系统耦合共生的本质属性与发展规律。

（四）计量分析法

利用统计学方法整理和汇总统计数据、草地利用数据及相关遥感数据，采集生态系统服务物质量与价值量评价、经济系统综合评价、草地生态－牧区经济耦合共生研究中所需的数据及指标，基于InVEST模型、CA-SA模型对生态系统服务价值进行评估，分析内蒙古草地生态系统服务在不同时间尺度上的增减变化趋势；应用Lotka－Volterra共生耦合测度模型测度草地生态与牧区经济的耦合协共生程度，运用变异指数、相对发展率等方法，测度五大牧区经济系统的综合发展水平，分析生态系统服务价值以及社会经济发展的区域差异特征。

（五）空间分析法

空间自相关分析是检验样本要素间是否存在显著的空间依赖关系、描述地理现象在研究区内空间分布规律的空间统计方法。本研究选用空间自相关分析法对生态系统服务开展研究，明晰生态系统服务强度及关系变化，识别各类关键生态系统服务的热点区和主导服务区。利用 ArcGIS 软件对研究区生态系统服务价值与社会经济发展状况进行动态变化分析，探究其时空演变特征。

第三节　创新之处

本文的创新之处主要体现在以下几个方面：

（1）由于经济、人文、地理环境、宏观政策等因素，国内对于生态与经济系统耦合共生、经济系统综合发展水平、生态系统服务评估及时空权衡的相关研究在空间尺度上主要以黄河和长江两河流域向外辐射地区与沿海经济较为发达的地区为主。内蒙古作为我国北部极为重要的生态屏障，具有重要的生态、经济、居民福祉等战略意义，相关研究却较为匮乏。内蒙古拥有极为丰富的自然资源储量、广阔的草地资源面积与重要的地理位置，当前亟需进行更为深入、多元与系统性地研究。本书涉及的五大牧区经济系统综合发展测度、内蒙古生态与经济系统耦合共生、草地生态系统服务评估与时空权衡关系，在空间尺度上丰富了关于生态与经济系统耦合共生、经济系统综合发展水平、生态系统服务评估及时空权衡关系的相关研究。

（2）随着生态文明时代到来，生态系统与经济系统间非线性动态耦合关系的重要性被逐渐发掘，但已有研究大多集中于区域生态与经济发展的趋势差异分析，对两者在时空分布上是否协调一致，以及协调发展的驱动机制和空间分布差异特征缺乏深入研究。本研究创新性地引入 Lotka – Volterra 共生耦合测度模型，通过分析内蒙古牧区经济在共生空间的动态演化规律，从共生度与生态受力系数两个维度判断草地生态与牧区经济系统的耦合共生度、相对发展度及其对应的时序与空间变化特征，并利用原因回溯解耦的方式分析研究区草地生态与经济发展系统耦合共生变化的主要驱动因素，一定程度上弥补了生态－经济系统耦合共生的驱动机制与时空异质研究的不足。

（3）我国早期数据统计由于技术的限制在精度上存在一定的误差，相关的空间地理区位研究在做较长时间尺度下的生态系统服务评估与时空权衡关系分析时，往往会因为数据质量精度问题，导致结果不准确，结论与实际脱离的可能。本研究以卫星遥感图像为基础数据，通过波段合成，分析出草地覆盖率等基础信息，极大程度地提高了数据精度。同时，本文运用空间冷热点方法对生态系统服务强度进行深入研究，厘清各类服务的空间分布与关联特征，以此为基础确定基于权衡关系的区域草地利用优化调整目标，实现区域差异化的政策制定，相比已有研究针对性更强。

（4）五大牧区经济系统综合评价指标体系立足牧区自然资源丰富但生态系统脆弱的现实特征，围绕经济系统稳定性与协调性两大目标，创新性地融入生态文明理念，通过加入资源约束、人与自然协调的双重考量，更加全面而科学地展现牧区经济系统的平衡状况、变化趋势和发展后劲。

第四节　本章小结

本章属于导论部分。主要介绍了本书的研究背景及意义，明确界定研究的对象和范围，并在此基础上对本书的研究思路、研究内容、研究方法进行阐述，并提出所具有的创新之处。

第二章 文献综述与理论研究

对科学理论与观点演进的梳理与凝练，是正确认识生态与经济耦合共生关系、准确探究草地生态系统服务价值及动态变化、明确经济系统发展质与量的基础。总体看来，生态系统服务的内涵和类型、价值评估方法、权衡协同效应、驱动机制、生态与经济可持续发展等方面已有大量理论与应用研究，生态系统内部的非线性关系、生态系统与经济系统的耦合共生关系机制机理也逐渐成为热点问题。交叉学科方法运用愈加广泛，研究内容和研究方向与生态文明、可持续发展、人与自然和谐共处等理论融合更加紧密。

第一节 国内外研究进展

一、基于 CiteSpace 知识图谱的文献计量分析

本书在厘清综述类文献中工具与内涵关系的基础上，尝试将文献计量方法与传统综述的内容分析相结合，通过 CNKI 获取文献计量分析的原始数据支撑，探究草地生态与牧区经济的研究热点与趋势，从较宏观维度把握草地生态与牧区经济研究视角、路径与核心观点演进脉络，以期对草地生态与牧区经济研究体系进行客观、科学的论述。

（一）研究方法与分析工具选择

1. 研究方法

本书采用定量与定性相结合的研究方法，主要有两种：（1）科学知识图谱法：科学知识图谱（Mapping Knowledge Domains）可理解为科学知

识可视化或科学知识领域映射地图，是指展现科学知识发展脉络、结构逻辑等关系的系列图形。通过应用数学、信息科学、绘图学等理论与计量学相结合从而实现引文、共现等分析目标，具有多学科融合特点，属于科学计量学的一大创新（陈悦等，2005）。（2）内容分析法：知识图谱分析带有系统评价色彩，因使用方法能够进行共被引、共现等分析，从而帮助研究者较轻松地完成领域内热点、前沿与趋势探索，研究优势明显。

2. 分析工具

CiteSpace 是陈超美教授利用 Java 语言，基于引文分析理论所开发的信息可视化软件，其分析具有多元、分时、动态的优点（李杰等，2015）。借助 CiteSpace 生成的交互式信息可视化图谱，可处理来自 WoS、Scopus、CNKI、CSSCI 等主流来源的引文数据，显示知识单元或知识群之间交叉、演化、衍生等诸多隐含的复杂关系，揭示研究领域的演变过程与关键转折，为学科研究提供切实的、有价值的参考。同时，CNKI 具备统计分析与数据可视化功能，本文在数据处理、分析和制图时，将 CiteSpace 与CNKI 交叉配合、取长补短。

此外，需要说明以下 3 点：（1）陈超美教授仍在根据广大用户反馈及领域研究进展进行软件更新与完善；（2）CiteSpace 中"年份切片（Year Per Slice）"、"网络剪裁（Pruning）"等功能会对输入数据进行筛选，此类步骤是计算节点中心性等的必要前提，也会与 CNKI 中原始数据统计结果有微小出入，但对数据分析结果影响甚小且并不冲突；（3）CiteSpace 功能强大，提供知识单元间的共现分析，目前已有大量文献对此研究（苏福等，2017），故本文不再对作者、机构、国家及地区合作共现进行阐述。

（二）草地生态与牧区经济耦合研究分析结果

利用 CNKI 的中国学术期刊对期刊论文以"草地生态""牧区""经济"为检索词，考虑文献权威性，对中国知网数据库内的 SCI、EI、CSSCI（含扩展版）等核心期刊进行搜索追踪，获得 119 篇文献（不包含学术会议、报纸、科技成果）作为计量分析的数据来源。对所获文献进行初步年度分布统计分析（图 2 - 1），结果表明：最低发文量为 0 篇，其年份分别是 1991 年、1993 年、1996 年、1997 年与 1999 年，最高发文量为 18 篇，出现在 2019 年。其中，1989—2021 年载文量总体呈现显著的阶段性波动特征，1989—2005 年为快速增长阶段，2006—2014 年为不稳定变动阶段，其中包含两个先下降后上升周期，2015—2021 年为基本稳定增长阶段，但其中 2019 年出现发文量激增。

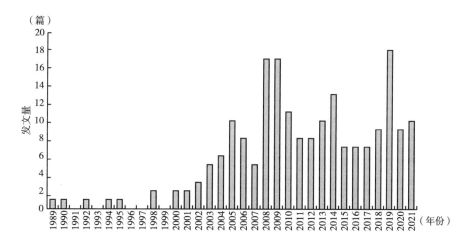

图 2 - 1　1989—2021 年草地生态与牧区经济联合检索的历年文献量

本书在科学知识图谱可视化部分进行研究热点及趋势分析。研究热点一般指研究领域内多数研究者共同关注的某个或多个研究主题。词频和共词分析能够反映该研究领域发展动向和研究热点，原理是通过提取能表达文献核心内容的主题词频次与分布，进而统计词频两两在同一组文献中出现的次数，词频高低与共现网络综合反映出研究动向与亲疏关系，即热点概况（李杰等，2015）。

将时间切片设置为 1 年，节点类型选择"Keyword"，聚类算法选择"LLR"。Q 取值区间为 ［0，1］，当 Q > 0.3 表示网络社团结构显著；Silhouette（S）用以衡量网络同质性，S > 0.5 时说明聚类结果合理，越接近 1，同质性越高；节点大小代表频次，连线代表共现关系，连线粗细代表紧密程度，即节点与连线粗细与关键词出现频次正相关。通过 LLR 聚类算法，得到 Nodes = 329，Links = 436，Q = 0.8066，S = 0.9420，得出的图谱合理、客观。研究热点共现与聚类效果、名称如图 2 - 2 所示。

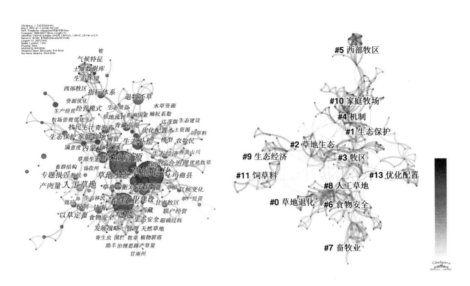

图 2 - 2　关键词共现与聚类图谱

1. 关键词共现图谱分析

　　为了更准确地表现关键词的地位和关系，可以将频次、中心性以表格的形式展现，其中频次为关键词出现的次数，中心性表示该关键词在所有关键词中的地位。综合多种因素选择中心性最高的前中心性最强的 22 个关键词（表 2 -1），可以发现，凸显研究主题的关键词非常多，中心性最强的关键词为草地资源（0.38）、草地退化（0.28）以及畜牧业（0.25）。一般而言，关键词频次高者，其中心性相对也较高，因为出现的次数越多，与其他关键词共现的可能性就越大，这也使得这些关键词成为当年的热点词汇；关键词频次和中心性都较低的情况下，其成为热点词汇的可能性也大大降低。但值得注意的是，也有部分关键词频次较低，但中心性较大，同样能够成为热点词汇，比如牧民生计、综合治理、生态保护、生产效率等，反映了这些关键词与其他关键词共现的概率较大，也由此说明关注的问题属于同类或者同一领域。

　　通过关键词共现图谱分析可知，草地生态与牧区经济相关文献涉及领域比较广阔，研究范围也比较全面，主要以系统性视角对自然生态与社会经济统筹研究，重点关注生态 - 经济耦合系统内部不平衡问题，并在此基础上积极探索相对应的可持续发展路径以及综合治理政策，如退牧还草、生态补偿等。总体看来，如何实现草地生态与牧区经济绿色可持续发展是该领域的研究目标。

表 2 - 1　研究文献的关键词频、中心性与首次出现年份统计分布

关键词	频次	中心性	年份	关键词	频次	中心性	年份
草地资源	14	0.38	2005	牧民生计	3	0.08	2016
草地退化	15	0.28	2006	草地生态	5	0.08	2001
畜牧业	11	0.25	1992	人工草地	4	0.07	1989
家庭牧场	4	0.14	2008	综合治理	2	0.06	1998
新疆	5	0.14	2001	生态保护	3	0.06	2005
牧区	6	0.14	2005	退牧还草	6	0.06	2006
对策	6	0.12	2001	生产效率	1	0.05	2019
内蒙古	6	0.1	1994	草畜平衡	4	0.04	2010
生态补偿	6	0.1	2007	青藏高原	4	0.05	2015
指标体系	4	0.09	2008	优化配置	2	0.04	2005
经营模式	2	0.08	2014	生态经济	3	0.04	2009

2. 关键词聚类分析

图 2 - 2 中黑色字体表示不同文献共同的关键词，"#数字"表示运用 LLR 算法对共同关键词提取后命名的聚类词，每个色块表示由各类不同的文献组成的具有相近研究主题的聚类。通过对关键词聚类，共得到 13 个研究主题，聚类间有交叉覆盖的现象，表示这些聚类之间存在研究主题上的交叉，其关系较为紧密，与其他聚类不交叉的色块表示该类主题具备较为独立的研究性质。

通过对聚类信息进一步整理，列出每个聚类标签值最大的 3 个关键词，选取标签值最大的关键词作为聚类名称（表 2 - 2）。包含节点数代表聚类中包含的关键词个数；紧密程度代表各关键词之间的联系程度，数值越高表示聚类效果越好。从包含的节点数来看，最多的是"#0 草地退化"聚类标签，说明草地退化问题是草地生态与牧区经济研究领域备受关注的重点问题，同很多关键词有密切联系，其中草地退化、新疆、种类与分类关系最为密切；最少的是"优化配置"，主要原因是该主题研究成果较少，难以与其他主题形成广泛联系。从紧密程度来看，最紧密的聚类是"#11 饲

草料",该聚类中包含"保护与建设""农牧民"等关键词,说明在草地生态与牧区经济主题下,农牧民生计状况备受关注,也从侧面反映出在健康的自然生态 - 社会经济耦合系统中,人与自然应处于双向促进的和谐关系。

表 2 - 2　　　　　　　　　草地生态与牧区经济热点聚类

聚类号	节点数	S值	聚类名称	聚类标签
0	36	0.956	草地退化	草地退化(20.56);新疆(8.07);种类与分布(4.01)
1	28	0.959	生态保护	生态保护(9.58);退牧还草(9.58);牧民生计(9.58)
2	25	0.896	草地生态	草地生态(14.3);建设(14.23);保护(14.23)
3	21	0.919	牧区	牧区(13.32);草地资源(10.68);阈值(8.82)
4	21	0.945	机制	机制(10.96);效应(10.96);游牧人口定居(5.42)
5	20	0.947	西部牧区	西部牧区(10.73);生态环境(10.73);气候特征(10.73)
6	19	0.913	食物安全	食物安全(10.96);草地(7.27);同社会群体(5.42)
7	19	0.926	畜牧业	畜牧业(20.2);优势产业(4.92);植物群落(4.92)
8	19	0.962	人工草地	人工草地(9.41);专题报告(4.67);总产值(4.67)
9	17	0.974	生态经济	生态经济(10.96);生态补偿(10.96);可持续发展(10.96)
10	13	0.938	家庭牧场	家庭牧场(13.08);资源优化(6.44);牧场管理(6.44)
11	8	0.984	饲草料	饲草料(7.12);保护和建设(7.12);农牧民(7.12)
12	7	0.961	优化配置	优化配置(7.74);水土资源(7.74);模型(7.74)

二、主要研究领域的典型文献分析

在文献计量分析基础上对主要研究领域典型文献的主要观点进行梳理，围绕生态系统服务的内涵及功能分类、生态系统服务评估、生态系统服务权衡协同效应、生态与经济耦合共生关系等研究问题展开。

（一）生态系统服务的理论研究

20世纪七八十年代，学术界已开展生态系统服务的相关研究。1970年，关键环境问题研究小组（SCEP）提出与生态系统服务相似的"环境服务功能"概念，认为生态系统作为生物与环境的统一整体，可为人类提供服务。1997年，Daily与Costanza等人推进了生态系统服务功能的相关研究，Daily提出生态系统服务是"生态系统的状况与过程，自然生态系统及其组成物种通过其状况与过程满足和维持人类的生命活动"，并对生态系统服务和生态系统所提供的产品进行了区分；Costanza等将生态系统提供的产品统一纳入到生态系统服务的概念中，同时开启了对生态系统服务价值的评价工作。1981年，生态系统服务（Ecosystem Service，ESs）由Enrlich等正式提出，极大程度推动了生态系统服务的研究进展。2005年，千年生态系统评估计划（Millennium Ecosystem Assessment，MEA）提出生态系统服务是人类从生态系统中获取的效益，该定义目前被学术界广泛接受和应用，同时也将生态系统服务研究推向高潮，成为学术界普遍关注的热点问题。

随着生态系统服务研究的不断完善和逐步发展，关于服务类型研究也逐渐丰富，从最初仅评估或模拟某一种生态系统服务，发展到对两种及以上服务的研究（周彬等，2010；潘韬，2011；王晓峰等，2019等）；同时，研究的空间范围也不断扩大，研究对象涉及生态脆弱区、流域、丘陵山地、森林、草地等（侯红艳，2018等；Haunreiter E, et al.；陈心盟等，2021等）。其中，草地生态系统作为陆地生态系统的重要组成部分，因其不仅能够为人类提供具有直接经济价值的产品，同时其生态系统服务功能对人类社会的发展起到不可缺少的作用，逐渐引起学术界的高度关注。

1. 生态系统服务内涵辨析

生态系统服务的概念从 20 世纪 90 年代开始被广泛应用在科技文献中，目前在国内外学界普遍应用的定义有 3 种（欧阳志云等，2013）。一是联合国千年生态系统评估（Millennium Ecosystem Assessment）将生态系统服务界定为人类从生态系统中获得的惠益，包括调节服务、支持服务、文化服务、提供食物和水等供给服务。二是 Daily 等学者所定义的生态系统服务内涵，是指自然生态系统与生态过程所形成的、维持人类赖以生存的自然环境条件与效用，主要包括调节功能（维护地球生物圈的作用）、支持功能（地球上的生物提供生活空间，是所有生态资源存在的前提条件）、生产功能（提供各种类型的生产性资源）和信息功能（提供休闲娱乐、科研、教育、美学、艺术等方面的机会）（Daily et al., 1997；Daily et al., 2000；谢高地等，2015；Straton，2009）。这些服务功能即自然资本的能流、物流、信息流构成的生态系统服务功能和非自然资本结合在一起为人类提供福利（Groot et al., 2002；Fisher B et al., 2009）。三是 Costanza 等学者（1997）将生态系统产品和服务统称为生态系统服务，代表人类直接或间接从生态系统功能中获得的利益，主要体现为水源涵养、土壤形成、侵蚀控制、废物处理、滞留沙尘、维持生物多样性、养分循环与贮存、固定 CO_2、释放 O_2、消减 SO_2、食品生产、文化传承和休闲旅游等。

在以上三种定义的基础上，Wallace KJ et al.（2007）基于联合国千年生态系统评估从支撑自然资源管理决策的视角分析，认为生态系统服务是生态要素在生态过程中所形成的功能结构能够产生直接被人类利用的自然环境条件与效用。Boyd 和 Banzhaf（2007）从环境账户和计算绿色 GDP 的视角，提出了基于经济和生态原则的最终生态系统服务定义，认为生态系统服务是核算人们从自然中获得利益的适当单位，是自然的组成部分，可直接地享有、消费或用来创造人类福祉，强调最终生态系统服务是自然选择的最终产物，而不是构成自然的生态过程。该定义与 Costanza 提出的内涵不同，认为最终的生态系统服务不是效益，也不一定是最终消费的产品。Fisher 和 Turner（2008）以 Boyd 和 Banzhaf 研究为基础从决策的视角分析，提出将生态系统服务是主动或被动利用而产生的人类福祉，强调服务不同于效益，福利是受益者的函数，与 Boyd、Banzhaf 和 Wallace 观点的不同点体现为只有直接的利用才是生态系统服务，只要有人类受益者，功能或过程就是生态系统服务。也有部分学者对草地生态系统服务内涵进行研究，如刘兴元等（2012）从社会生态学视角，认为草地生态系统服务是在草地生态健康条件下实现畜牧业生产与牧民生活的可持续发展，既满足人类对经济生活与环境质量的要求，又能不断改善草地生态系统的质量，主要体现为生态功能、生产功能和生活功能。

综上，由于生态系统的复杂性，对生态系统服务的内涵还存在很大的分歧。MA 和 Daily、Constanza、欧阳志云等学者认为只要人类是受益者，则生态系统过程或功能就是服务，而 Wallace 等学者认为生态系统过程不应该被视为服务。Costanza 等认为生态系统服务是效益，而 Fisher 等认为生态系统服务不是效益。生态系统服务是完全依赖于生态环境而存在的，其表现是复杂的和无处不在的，不同学者或学科领域对相同的生态功能的认识却存在不同程度的差异。因此，需要从特定的研究目的和管理对象综合地理解生态系统服务的概念，科学地认识生态系统服务对人类福利的巨大贡献，将其纳入到一个综合框架中，使生态系统服务在制定相关管理决策中具有实践价值和可操作性。

2. 生态系统服务的功能分类

随着生态系统服务研究的不断完善，学界逐渐认识到生态系统结构的复杂性和各种服务功能的渗透性，并且由于研究或评估目的的不同，其定义的出发点和侧重点也存在差异，导致目前尚未形成普适性很强的分类方案，不过随着不同学科领域的学者对该研究的持续参与，对生态系统服务分类也逐渐呈现出多元和全面的特点。总体看来，大部分学者主要依照功能的不同对生态系统服务进行分类。1997 年，Sala 等（1997）将生态系统服务划分为维持大气成分（固定 C、N，减缓温室效应）、基因库、改善小气候、土壤保持四个方面；同年，Costanza 等在对全球生态系统服务所做的价值评价中，将草地生态系统服务功能分为气体调节、水调节、控制侵蚀和保持沉积物、土壤形成等 9 种不同类型。我国学者也对生态系统服务功能进行相关研究，刘起（1999）提出生态系统功能主要体现为生态直接与间接的经济价值，在此基础上将生态系统服务划分为有机物生产、固碳释氧、营养物质贮存与循环三个方面。赵同谦（2004）借助千年生态系统评估框架工作组提出的生态系统服务功能分类方法，将生态系统的服务功能归纳为支持服务、调节服务、供给服务和文化服务四大类。其中，支持服务是其他所有生态系统服务功能实现的基础服务，一般对人类产生的效用都是非直接性的，具有明显的时空尺度效应。调节服务是指人类从生态系统结构过程功能调节中所获得的直接或间接利益。供给服务是指人类从生态系统中直接或者间接获得可利用的资源要素，是草地生态系统生产生活功能属性反映。文化服务是指生态系统提供的非物质文化元素的惠益，给人以精神满足、审美体验和文明发展，是生态系统社会功能属性的具体反映，也是生态和生产功能综合福祉的有效评估。龙瑞军（2007）则提出了"三生"概念，即生态系统服务功能体现在生态、生产和生活3个方面：生态功能为系统所固有，是系统维持和发展的基础；生产功能是影响生态系统服务功能发生改变的触发点；生活功能主要取决于生态功能和生产功能的平衡关系和管理状况，体现系统综合发展水平。

也有部分学者按价值进行分类，刘兴元等（2012）认为生态系统服务包括直接价值、间接价值、选择价值（潜在利用价值）的利用价值，以及存在价值、遗产价值的非利用价值。其中，直接利用价值是指生态系统直接为人类提供的且可用市场价格计算的产品，如草畜、奶等；间接利用价值体现为维持生命界生存与发展且无法直接计算其价格的功能价值，如水土保持、气候调节等；选择价值是指选择在将来利用某种生态系统服务功能时的支付意愿，如生物多样性等；存在价值是指草地生态系统自带的价值，如物种栖息地等；遗产价值指对于后人在未来利用草地生态系统功能的支付意愿。此外，还有学者在相关研究的基础上，针对生态系统服务功能的分类和定义给出了不完全相同的理解，比如谢高地等（2008）结合我国经济学界的研究特色，认为生态系统服务具有价值必须要满足"生态系统服务对人类具有效用"及"生态系统服务具有稀缺性"两个前提条件，在此基础上将生态系统服务功能与土地类型结合考虑，并基于Costanza对生态系统服务功能类型的划分，将全国生态系统根据土地覆盖区分为18个生态系统类型及21个亚类，并且利用生物量指数对Costanza等给出的服务功能单位面积价值进行了修正。

综上，现阶段的各种分类方法仅存在局部不同，并无根本上的区别。

但由于生态系统自身的复杂性以及生态系统服务的供给与人类的需求在不同时空尺度上具有高度的变异性，建立明确的定义和分类指标可为后续构建统一测度标准提供极大便利，从而能够克服因定义过于广泛而给具体评估过程带来的困难，另一方面也能避免对生态系统服务价值的重复计算。如 Boyd 等（2007）认为生态系统服务的经济核算过程与 GDP 类似，因为生态系统提供的许多中间产品是系统运行过程中必须产生的，并不属于生态服务本身，所以只需测度被直接消费的生态部分或者通过加入其他资本而产生一定效益的生态部分，以此为基础将生态系统服务效益分为灾害防治、废物净化、水资源供应、娱乐等，并提出了一种与多种具体利益相关联的分类体系。对于草地生态系统服务而言，李鹏等（2012）指出草地生态系统服务评估由于价值分类及指标构建问题，仅能通过静态陈列所有服务并以货币形式评估其价值，这样得出的结论极易引起重复计算，导致在实际生态系统管理中指导作用不强。白永飞等（2020）基于北方草地生态系统服务和资源环境条件的空间分异规律，将北方草地划分为 7 个功能区和 25 个亚区。因此，对生态系统服务分类的研究正朝着更为标准化、更有合理性且更具适用度的方向进行，顺利完成其一致性规范指日可待。

3. 生态系统服务评估方法

生态系统服务分类和评估既能够更加准确地量化出不同生态系统的经济、生态效益，也能更为明显地展现出生态系统服务在类型和数量上存在的权衡协同关系（钱彩云等，2018）。生态系统服务价值评估在具体指标或功能测度中采用的方法基本是趋于一致的，可归纳为能值法、物质量法和价值量法。能值法是用生态系统净同化能量或有效经济产品同化量来衡量，能值转换率的计算需用系统消耗的太阳能值总量除以产品的能量而求得，但不同种类能量转换率受太阳能转化的影响，数据获取较为困难，且不能反映人类对生态系统所提供的服务，具有稀缺性的支付意愿。物质量法用生态系统提供的产品和服务中所包括的净光合作用生产量或经济产量对其生态系统服务功能进行评价，由于各单项生态系统服务量纲的不同，且物质量是随时间而动态变化的，对生态系统的综合评价较困难。基于以上方法所评估的结果与现实社会经济活动过程衔接往往不够直观，实践应用受到一定的局限，而价值量评估方法由于明显的感知性、可比性强和与国民经济核算体系紧密相接等优点得到了广泛应用。

（1）能值分析法与物质量评价法。美国生态学家 H. T. Odum（1986）首次提出能值（Emergy）概念，认为一种流动或贮存的能量中所包含另一种类别能量的数量，即为该能量的能值，且常以太阳能作为基准去衡量各种能量的能值。能值分析法是指把生态系统或生态经济系统中不同且不具可比性的能量转换成统一标准的能量来衡量和分析，并对系统中能物流、货币流等生态流进行综合分析，在此基础上得出一系列能值综合指标，从而完成研究对象经济效益或功能作用的定量评估（蓝盛芳等，2001）。粟娟等（2000）探讨了将能值分析法运用于森林生态系统效益评价的可能性，认为对森林生态系统的能流、物流和货币流进行能值综合分析评估后可将三者转化成能值。货币值能值分析法虽然受主观性影响较小，但是却存在如计算难度较大、难以反映生态系统服务的稀缺性等问题（刘兴元，2011）。

物质量评价法则是从物质量（净光合作用生产量、经济产量等）的角度对生态系统服务进行的整体评价（赵景柱等，2000），其能够较好地反映出生态学机理以及生态系统过程与服务间的联系，更加适合大尺度区域的生态系统评价，并且评价结果客观性较强（傅伯杰等，2014），但其适用条件较为严苛，如需假设生态系统处于理想状态、生态系统服务提供的物质量不会随着时间推移而递减等（赵景柱等，2000）。

（2）当量因子法与价值量评价法。当量因子法是谢高地等（2003）在Costanza 等研究的基础上，针对中国生态系统和社会经济发展特点，对 700位具备生态学素养的专家进行问卷调查并初步构建出的一种评估方法，其具体思路为：将生态系统服务功能按功能不同进行分类，并基于可量化的标准按服务类别分别构建价值当量，在此基础上结合生态系统分布面积这一指标进行价值评估。该方法虽被我国一些学者应用到草地生态系统评估中，如叶茂等（2006）用 $1hm^2$ 全国平均产量的农田每年自然粮食的经济价值为草地生态系统价值的权重因子，测算出新疆草地生态系统总服务价值。该方法是一种静态的评估，缺乏对生态系统服务功能时空变化的动态考虑，故谢高地等（2014）在此基础上对当量因子表进行补充修订，通过引入 NPP、降水和土壤保持调节因子，构建出了生态系统服务价值动态评估当量因子表。然而由于生态系统的异质性，导致特定的生态系统服务价值指标不足以衡量不同区域实际的生态系统服务价值，使此方法在空间化表达和分析方面还存在不足（杨倩等，2021）。

功能价值法是指利用生态系统服务功能的数量与单价，通过建立单一服务功能与局部生态环境变量之间的生产方程来模拟小区域的生态系统服务功能，从而利用货币价值量去衡量服务的价值（刘玉龙等，2005）。在功能价值法的研究初期，学者根据利用技术不同将其分为两类：一为替代市场技术，利用影子价格和消费者剩余去表示生态服务功能价值；二为模拟市场技术，以支付意愿以及净支付意愿去评价生态服务功能价值（欧阳志云，1999）。随着研究的深入，功能价值法主要被归纳为直接市场价值法（市场价值法、机会成本法、费用支出法、影子工程法）、模拟市场法（联合分析法、条件价值法）和替代市场价格法（替代成本法、享乐价值法、旅行费用法）。也有学者提出了集体评价法，是指通过民主协商和社会公开辩论，让不同社会团体聚集到一起来讨论公共物品的经济价值，通过一种公平、公开的讨论程序形成生态系统服务价值的公平评估（Gustafsson，1998），这种评价结果是通过社会公开辩论决定的，避免了由于个人偏好的单独测定和加和平均决定的缺点（Wilson et al.，2002）。但是，功能价值法也存在一定问题，如对非使用价值、使用价值的区别存在认识分歧（吴玲玲等，2003）；实际评估时的价值选择标准未有定论（赵军等，2007）；且大部分生态系统服务没有供参照的市场交易价格，估算结果与生态系统服务真实价值存在偏差，主观性较强，计算过程复杂（谢高地等，2015）。在具体生态系统服务的评估过程中，研究目的往往在很大程度上决定了所要使用评估方法，每种方法都拥有各自的优势和劣势，故在使用时应针对具体情况来进行选择。

（3）基于GIS和遥感技术的复合模型法。近年来，随着生态系统服务价值评估方法研究的不断深入，许多学者基于生态学、经济学等相关学科的理论提出不同的评估综合模型，可用来评估多样化的生态系统服务功能（黄从红等，2013等）。目前生态系统服务的主要评估模型有ARIES（Artificial Intelligence for Ecosystem Services）模型、SoLVES（Social Values for Ecosystem Services）模型和InVEST（Integrated Valuation of Ecosystem Services and Tradeoffs）模型。其中，ARIES模型由美国佛蒙特大学开发，其利用人工智能和语义建模，集合了空间数据和相关算法等信息，可对多种生态系统服务功能（水土保持、碳储量和碳汇、休闲价值、美学价值、养分调控、淡水供给、渔业、雨洪管理等）进行评价（Bagstad et al.，2011）。SoLVES 模型由美国地质调查局和科罗拉多州立大学联合开发，将社会价值的量化和空间明确的度量纳入生态系统服务评估，以评估、绘制和量化生态系统服务的社会价值为目的，结果以社会价值指标表示（Sherrouse B C et al.，2015）。InVEST 模型是在自然资本项目的支持下研发的评估模型，可以用来对多种生态系统服务功能（如碳储量和碳汇、水土保持、生物多样性、水体净化、作物授粉、水库水力发电量等）进行量化评估（Tallis et al.，2011）。这些复合模型在一定程度上简化了评估程序，理论上能够兼顾生态系统服务的部分内在机制，但实际工作中需要考虑的参数众多且较难获取，从而会导致模型评估结果的不确定性，精确计算和模拟生态系统服务功能的物质量和价值量在现阶段仍是一个难题（杨丽，2017）。

（二）生态系统服务的应用研究

近年来，对于生态系统服务的应用研究不断发展，涉及全国性、地区性、自然保护区、生态保护和建设工程等范围，既有大尺度生态系统演变规律的研究，也有小尺度生态系统变化机理的研究。

1. 生态系统服务价值评估

受自然环境、经济条件及人文教育的影响，不同区域有各自的发展模式和特点，研究者近年来开展大量区域性生态系统服务功能评价工作，从高寒草甸到热性灌草丛，从新疆牧区到城市绿地，从黄河三角洲绿色空间到云贵石漠化草地，从重点生态功能区到非重点生态功能区（叶茂等，2006；刘庆等，2010；刘兴元等，2012；池永宽等，2013；姜刘志等，2018；宋昌素等，2018），这些研究有助于量化资源价值、生态补偿价值，为当地政府资源开发和保护政策的制定、政府资金的拨备、根据地区生态承载力控制污染物总量等行为提供确切的量化指标。

2. 生态系统服务权衡协同效应

生态系统服务间存在着某种此消彼长的动态变化，这种变化以权衡或者相互增益的形式表现出来（李双成等，2013；李晶等，2016）。由于生态系统服务的强关联性，人们对某种生态系统服务过于重视时，必然会忽视其至损害其他生态系统服务，从而造成生态服务功能的失衡状况，由此引发一系列的生态环境问题，因此，深入开展生态系统服务的权衡与协同研究势在必行。

生态系统服务之间非线性动态关系的形成受自然和人为两个因素影响。所谓生态系统服务的权衡，是指一种生态系统服务的增加的同时另一种生态服务出现减少的情形，也被称为冲突关系或竞争关系（李双成等，2013）；生态系统服务协同是指生态系统在外部因素干扰下，两种或多种生态系统服务同时增强或者减弱的情形（曹祺文等，2016）。学术界依据不同标准将生态系统服务权衡协同关系分为时空权衡、可逆权衡、生态系统服务类型间的权衡（MAE，2005；Rodríguez et al.，2006）。空间权衡是指区域内生态系统服务此消彼长的情况，一种生态系统服务功能的增加会使其他一种或多种生态系统服务功能减少（傅伯杰等，2016；于德永等，2020）。时间权衡则指短期内生态系统服务的变化会对长期生态系统服务造成影响（曹祺文等，2016），如短期内对农田的破坏会造成土壤保持等服务功能的下降。可逆权衡侧重于描述对已破坏的生态系统服务恢复的可能性大小（彭建等，2017）。目前相关研究主要集中于生态系统服务功能间权衡关系的研究（Power A G，2010）。Bevacqua（2007）和 Lester（2013）等学者根据生态系统服务在二维坐标系中的变化曲线，将权衡分为独立服务、直接权衡、凸权衡、凹权衡、非单调凹权衡和倒"S"权衡，但划分方式仅考虑两种生态系统服务之间的相互关系，忽视其他生态系统服务间的动态关系。为了弥补特定时空尺度下多种生态系统服务间相互作用机制的研究不足，Raudsepp – Hearne 等（2012）主张利用"生态系统服务簇"衡量各服务间的关系，Martin – LopezB 等（2012）对3379份调查问卷数据进行冗余分析与聚类分析后，发现了社会偏好引起的生态系统服务权衡和服务簇，并且确定供给服务、调节服务以及文化服务之间存在权衡。

在研究方法上，常用的有生态 – 经济综合模型法、统计学方法、情景分析法以及制图分析法等。

（1）生态－经济综合模型法：是利用生态模型和社会经济模型组合去分析权衡协同关系，为掌握资源有限条件下生态与经济系统的相互联系，并为辅助权衡决策的制定提供便利（曹祺文等，2016）；生态模型主要用以量化不同管理决策下生态系统过程和结构变化带来的生态系统服务变化，社会经济模型则反映生态系统服务变化对人类福祉或收益的影响。国外学者基于此方法开展了大量的定量研究，如 Hussain 等（2010）为分析生物多样性保护与放牧与打猎服务间的权衡关系，利用一般均衡生态系统模型（GEEM）和种群增长曲线建立生态－经济综合模型，但生态－经济综合模型更适合研究便于将价值市场化的服务的权衡效应，对研究具有"公共物品"性质的土壤保持、光合作用、水源涵养等服务间的权衡效应则劣势较为明显。

（2）统计学方法：有相关性分析、回归分析、聚类分析、冗余分析等（戴尔阜等，2016），其中相关分析和回归分析是较为常用的方法。相关性分析能够辨识生态系统服务权衡与协同的类型及程度，若呈正相关，即两种服务存在一定的协同关系，若呈负相关，则这两种功能间存在权衡关系（张雪峰等，2016），如 Wu 等（2013）运用相关性分析方法对北京及周边区域的物质生产等五项生态系统服务间的相互关系进行了研究。采用回归分析法可进一步探究影响权衡与协同关系的机制，如孙艺杰等（2017）运用净初级生产力 NPP、保水服务和食物供给等数据，对陕西河谷盆地的生态系统服务的时空差异进行了分析，并在相关分析和回归分析等方法的支持下分析了生态系统服务的协同与权衡关系。

（3）情景分析法：目前权衡协同效应研究最常见的方法（Nelson E et al.，2009；于德永等，2020），是将土地所具有的生产－生活－生态多重功能与所设定的不同目标情景对应分析，模拟相应土地利用或植被覆盖情景，并在此基础上评估生态系统服务，该方法可以让决策者了解区域内生态系统服务在当前或者未来各种因素影响下的变化，从而使得其决策与实际更加契合（张立伟等，2014）。

（4）制图分析法：利用 GIS 平台的制图功能与空间叠加、地图代数等方法对每种生态系统服务类型进行空间制图和空间重合度比较，是一种简单、有效、直观且空间位置信息明确的可视化方法；在空间制图基础上，通常会进一步结合空间自相关、冷热点、玫瑰图等分析法以刻画特定时空尺度上生态系统服务的空间格局及权衡与协同关系。如刘玉等（2015）基于全局和局部空间自相关分析了京津冀县域农产品生产功能的时空格局和空间耦合性。杨晓楠等（2015）对关中–天水经济区固碳、保水及土壤保护等生态系统服务进行了制图，并引入玫瑰图分析了耕地、林地、草地景观中各服务间的权衡与协同关系。总体上，生态系统服务制图在基于土地利用/土地覆被的权衡与协同研究中起到基础性作用，是一种简单、有效、直观且空间位置信息明确的可视化方法。

从生态系统服务与人类福祉角度看，生态系统服务协同是人类活动的最终目标。人们意识到生态服务系统在类型、效用、数量方面存在着权衡协同作用，且时空尺度变化与其关系变化联系紧密（戴尔阜等，2015），但研究多为针对现有问题的定性分析，且大部分学者仅以自然区划为主进行生态功能划分，而较少有专门针对人类活动和气候变化对生态结构、功能和服务影响进行研究（白永飞等，2020），在此基础上的生态系统服务和资源环境条件的时空分异规律探讨显得不够科学全面。大部分研究对生态系统服务的正面效用关注较多（赵亮等，2013；张静静等，2020），而对其负面作用关注较少。

3. 生态系统服务驱动机制

生态系统服务之间的相互关系会因区域的差异性而发生变化（戴尔阜等，2015），对不同区域、不同空间尺度上的生态系统服务权衡与协同关系的深入研究至关重要（李鹏等，2012）。已有研究也充分证实生态系统系统服务间的交互作用关系并未遵循静态的权衡协同关系，因此，在考虑气候变化、土地利用变化、自然要素分析等各种外力的综合作用的基础上，揭示生态系统服务驱动机制的研究，成为生态系统服务研究的重点。

近年来，由于人们对生态系统提供的供给服务（如食物、木材等产品的提供）的需求增加，生态系统保护等问题却被忽视，导致如防洪、遗传资源和授粉等其他服务功能急剧下降（Gordon et al.，2008）。如何尽可能的避免生态系统服务功能间权衡关系的发生，实现人类福祉最大化，则需要对生态系统服务多维度非线性关系背后的驱动原理进行深入探究（Turner et al.，2003）。明确生态系统服务作用关系背后的驱动形式有利于制定科学高效的生态管理对策，优化管理生态系统服务，进而解决各生态系统服务间的冲突。生态系统服务之间的权衡或协同关系主要基于两种驱动方式形成（Bennet E M et al.，2009）：一是共同驱动因子，分为直接驱动因子和间接驱动因子两部分，其中直接驱动因子是指可以直接作用于生态系统服务的驱动因子，包括自然和环境因子（土地利用方式、工程措施等）以及生态系统内部驱动因子（植被覆盖、林分密度等）（戴尔阜等，2015）；间接驱动因子是通过社会经济等因素间接影响生态系统服务的驱动因子，如城市用地扩张面积、退耕还草工程（朱晓楠等，2020；邓元杰等，2020）以及人均 GDP、城乡居民收入等（耿甜伟等，2020）。二是生态系统服务内部的直接相互作用：一种服务供给量的增加会促进另一种服务供给量增加，则为协同关系，反之是权衡关系（戴尔阜等，2015），如 Klein 等（2003）研究发现农作物残留量与农田生产价值、土地利用覆被和土壤碳氮的生态系统服务供给量存在相互促进的双向关系。

学术界关于生态系统服务权衡协同效应的驱动机制主要基于不同学科开展研究。经济学中，生态系统服务研究通常考虑经济价值最大化，此时生态系统服务权衡的主要驱动因素是人类社会对生态系统服务价值的认知水平以及不同类型生态系统服务参与市场机制的程度（李双成等，2014）。从管理学角度分析，生态系统服务研究追求服务总体效益最大且可持续供给，政府和利益相关者的管理行为成为服务权衡驱动机制的关注重点，如钱彩云等（2018）在研究甘肃白龙江流域生态系统服务权衡与协同效应后发现其农业生产用地和林地、草地等其他产业用地存在明显竞争性，由此提出在制定该地的流域规划时，应重点权衡各类土地用途并划出"耕地红线"；Keller 等（2015）认为要实现土地系统功能的优化，就应利用多目标分析方法，以此平衡土地政策对多种生态系统服务的影响（Keller et al，2015）。在生态学和地理学中，生态系统服务研究的目标是提升供给能力以及稳定生态系统的结构和功能，研究重点是生态系统服务管理与生态系统稳定性、生态过程之间的关联性，如 Bradford 等对美国明尼苏达州进行研究，发现生态系统服务价值会随着林分密度提高而增加，并且服务冲突会减少。综上，不同学科关于生态系统服务权衡协同驱动机制研究既有交融也有分异。如何在充分认识我国生态系统特点的基础上有针对性的吸取国外相关研究成果，并且实现理论与方法的融合，是我国生态系统服务研究中所面临的机遇与挑战。

4. 生态系统健康与可持续发展

千年生态系统评估结果表明，全球60%—70%的生态服务在过去的50年（相对于2000年）是退化或衰减的，未来50年内的发展也不甚乐观。由于气候和人类活动的干扰，造成生态系统不同程度的退化，生产力下降。就草地生态系统而言，由于其土壤蓄水保肥能力的下降，严重影响到牧区的牧草产量和生态环境质量。近十几年来，学术界对草地健康状况的评价研究已经取得了很大的突破，集中于放牧强度与草地健康指标之间的关系、草地退化的驱动因素、退化草地空间分布、草地承载力空间演变等方面（王立景等，2022；陈春波等，2021等），通过对不同地域，不同放牧管理条件下的草地土壤、植被、生物量等指标的变化分析，有助于草地改良和保护。

生态系统健康与可持续发展是寻求经济、社会、资源、环境相互促进、协调发展的良性发展模式，为平衡区域经济发展和资源合理利用，对人口承载力、生态承载力、生态系统安全等方面进行评估。白卫国等（2004）、丁勇（2006）、刘兴元等（2011）围绕草地生态系统"需求－供给－结构"关系模式，建立草地可持续利用评价指标体系和模型，并对我国西部草地及内蒙古天然草地、西藏那曲地区草地进行了可持续发展评价，并构建了基于草地功能分区的分级生态补偿模式，在此基础上提出了针对不同功能区的生态补偿方案。对草地可持续发展的研究有利于调整区域农牧业发展战略和方向、优化结构，进而提高草地生产力和保护草地生态环境。然而纵观已有研究，从生态系统服务量化的角度对生态与经济之间协同关系的研究略显不足，对于草地生态与牧区经济耦合共生的理论和实证研究更是缺乏。

三、文献评述

目前，国内外学者对生态系统服务的内涵、类型、价值评估方法、权衡协同效应、驱动机制、生态与经济可持续发展等方面开展大量理论与应用研究，形成了较为丰富的研究成果，生态系统服务间相互作用的非线性关系特征的研究逐渐成为热点问题。越来越多的学者利用动力学等交叉学科方法，对不同服务间的关联性以及在不同时空尺度上表现出的异质性进行研究。草地生态系统服务的权衡与协同效应研究也正向着辨析不同时空尺度的差异、揭示形成机制、注重人类福祉嵌入的方向前进。但与森林等生态系统研究相比，草地生态系统服务效应研究仍然不够深入。通过对现有的国内外文献的回顾与梳理，可总结以下几个方面为本研究提供支撑。

（1）草地生态系统作为生态系统的重要组成部分，其重要性已被学术界广泛认可，但由于草地生态系统具有复杂性及其功能的交叉性，现有研究尚未将草地生态系统服务功能在陆地生态系统服务功能的贡献程度进行量化。一些研究将森林生态系统服务效应的研究方法应用在草地生态系统中，却忽略了草地生态系统的独特性，也模糊了草地生态系统服务效应的评估目的。因此，将草地生态系统服务功能的贡献量化，明确其贡献方向、贡献程度以及不同结构的贡献能力，对于深入认识草地生态系统服务功能具有重要意义。评估技术方法上，由于评估指标构建、评估方法选择等方面存在不足，导致评估结果与实际情况偏离程度较大，理论与现实结合较为困难；再者，目前对于草地生态系统服务的区域规划构建与管理在实践方面的尝试很少，未能真正将草地生态系统服务的理论研究与生态文明建设相结合并落实到现实层面。

（2）当前，InVEST 模型在生态系统服务功能价值评估中被广泛接受和使用，成为价值评估的主要方法之一。InVEST 模型由于所需参数少、数据要求较低等优势，被广泛应用于国内外流域和景观尺度生态系统服务功能评估中。因此，本研究使用 InVEST 模型作为评估生态系统服务功能的主要方法。

（3）生态系统权衡协同的尺度效应的研究相对滞后。现有研究大多集中于行政区划尺度和整体尺度上探究生态系统服务，且多基于统计关系的数量分析研究生态系统服务权衡协同关系，以此来反映区域的整体差异性，缺少区域内部时空差异的空间表达，生态系统服务关系形成的内在机制，以及对自然生态系统内部异质性的研究。

（4）相较于草地生态系统领域，草地生态与牧区经济的耦合的理论和实证研究更是少之又少。然而，随着全球气候变化和人类活动的干扰，社会经济发展需求对草地生态的过度消费，使牧区草地生态、生产和生活功能间天然的耦合与协调机制遭到破坏，草地生态环境退化等问题日益凸显；另一方面，在生态环境原本就较为恶劣的地区，人工干预的自然保护区建设、生态补偿项目等是生态恢复的唯一途径。总体而言，人类社会与自然生态应是相辅相成、和谐共生的，为了促进区域生态与社会经济的可持续发展，开展基于宏观视角的多系统耦合共生研究势在必行。

第二节　理论基础

一、福利经济学理论

福利经济学是从福利最大化角度出发，对社会运行体系进行研究和评判的经济学理论。福利经济学形成于20世纪初，最初源于英国经济学家阿瑟·塞西尔·庇古于1912年出版的《财富与福利》，随后在其1920年出版的《福利经济学》一书中构建起了福利经济学最初的框架，将福利归为意识层面的概念且性质与利益相同。福利具体分为能用货币衡量的经济福利，以及包含了经济福利的社会总福利。庇古利用边际效益基数论构建起一套福利最大化理论，认为经济福利客观表现为国民所得，且随着收入的增加而增加。纳哈德·埃斯兰贝格等（2008）指出为提升国民所得从而达到经济福利最大化，需要通过资源配置与劳动协调机制，改善国民所得的分配状况。福利经济学自诞生之初就与生态环境问题息息相关，作为福利经济学之父的庇古虽然没有明确提出这一主张，但他反驳了同时代一些生物学家的观点：虽然国民所得、生态环境与经济福利间存在相互作用关系，但在福利最大化进程中环境因素并不重要，因为环境改善政策通常具有较长的时滞性，其效果无法及时体现在经济福利中（Pigou，1932）。

经济学领域对福利的探讨多集中于经济层面，但人类具备的高度社会性决定了人们在追求经济福利的同时，往往还对非经济福利有着相当强烈的需求，这也被称为广义的社会福利，其覆盖的范围非常广泛，如政治福利、职业福利和文化福利等（郑伟等，2006）。生态系统能为人类福祉提供产品与服务，反过来，人类福祉的需求偏好能直接或间接反馈到生态系统管理上，从而改变或影响原生态系统服务的供给。生态系统在健康状态下往往可以持续为人类社会经济发展提供服务，人类的福祉便可得到维持或保障，若过度消费便会造成生态系统损坏，进而导致生态系统服务供给能力弱化，人类福祉也随之受到影响（程宪波等，2021）。因此，调整生态系统结构和功能、协调生态系统与社会经济发展之间的关系，方可提升人类的福祉，福利经济学为生态与经济耦合共生的相关研究提供了宏观理论背景。

二、人地关系理论

人地关系论（theory of man-land relationship）是指有关人类及其各种社会活动与自然的相互影响和反馈关系的理论，是近代地理学发展的基础，也是人文地理学研究的中心课题。人类与自然环境相互作用彼此构成一个复杂的系统，即地球生态系统、或称之为生态圈。人类活动通过系统内人地各种因素相互作用与联系，不同程度地作用于环境状态及过程，诱发、影响或控制了环境的各种渐变与突变。自然环境状态的改变也通过人地之间的相互联系作用于人类活动，在一定程度上影响人类活动的方式与轨迹，人地关系就这样伴随人类社会而产生。早期的人类通过简易生产活动产生对环境的初步认识后，利用所掌握的自然及地理知识逐渐对人类活动和地理环境的关系展开探索，这便形成了人地关系理论最初的模糊样貌（吴传钧，1991）。众多学者对人地关系理论的内涵进行探索，如郑度（2002）将其概括为人对自然的依赖性和人的能动地位，伊武军（2000）把人地关系具体阐述为人与地之间相互作用的方式、内容以及表现形式，杨宇等（2019）则基于现代人地关系的时代特征，从人类活动、自然承压、生态约束、人地系统4个角度选取指标，构建出人地关系综合评价的理论框架。

不同历史时期，由于人类认识、利用和改造自然的能力不同，人地关系的内涵随着人类社会的发展而发生变化，并且随生产力发展而不断向广度和深度变化。回顾人地关系理论的发展过程，大体可将其分为4个阶段：
（1）原始文明时期，此时的社会特征为生产力水平低下，人类对自然的依
赖程度高，因此出现了"天命论""天人合一"等古朴的人地关系思想，
这些思想多包含浓厚的自然崇拜特点；（2）农业文明时期，随着农业种植
技术逐渐被掌握，社会生产力水平提高，此时人类开始掌握些许主动权，
但仍与自然保持着融洽的非对立关系；（3）工业文明时期，工业革命让社
会生产力迅速提高，工业技术的力量大大增强了人类改造、影响自然的能
力，出现了"人定胜天""人类中心论"等思想。同时随着人口的增加、
频繁的人类活动等，人地关系开始日益紧张，生态环境急速恶化，人地矛
盾的恶果开始显现，人类也逐渐意识到顺应自然规律和保护生态环境的重
要性；（4）20世纪80年代至今，随着人类科学文化水平的提升以及日益
紧迫的环境问题，"可持续发展"思想被提出且受到众多国家的认可，人
类试图找出保持高水平生产力与实现人地关系协调的平衡点。

　　人地关系是地理学永恒的研究主题，人地关系的内涵随着人类社会经
济的发展而不断地发生变化，人们对人地关系的认识也在不断的发展，人
地关系的理论研究也不断深化。联合国于2000年和2015年陆续通过了
《联合国千年宣言》（MDGs）和联合国可持续发展目标（SDGs），引起世
界各国的广泛认可与支持。当今人地关系中可持续发展思想已不只是对现
状的表述，还是人地关系理论发展的目标，更是人类社会发展的重要行动
原则。人地关系理论将自然要素和人文因素相结合，将人地系统划分为经
济、社会和生态三个子系统，强调人地相互关系的耦合机制，为本研究的
开展奠定了重要的理论基石。

三．生态位理论

　　生态位（niche）是生态学领域中最为基础且重要的理论之一。在现代
生态学中，生态位理论被广泛运用在自然生态系统与社会生态系统研究
中。1894年，美国密执安大学Steere学者在解释菲律宾群岛上鸟类分离而
居时提出了物种生态位，但并未对此做更进一步的解释（王业蓬，1990）。
1901年，Johnson指出同一地区不同物种可以占据环境中不同的生态位，

生态位一词被首次使用（Whittaker et al.，1975）。直到1917年，加利福尼亚大学 Grinell 才将生态位明确定义为生物在栖息地所占据的空间单元。随后 Elton（1927）对生态位功能进行了定义，认为生态位不仅能用来描述动物在群落中的表象，还能用于说明动物在其生物环境中的位置，也就是动物间的捕食与被捕食的关系。Cause（1934）在前人的研究基础上又提出了竞争排斥原则，认为生态位是特定物种在生物群落中所占据的位置，包括生境、食物、生活方式等。Lack（1947）则进一步提出生态位关系可以提供物种进化多样性的基础。Odum（1953）重新将生态位描述为"一个生物在群落或生态系统中的位置或地位取决于生物的结构适应、生理反应和本能行为。其生态位取决于它的生活位置（position）和职业（profession）"。随着对生态位概念等理论研究的不断深入，先后产生了"超体积生态位""需求生态位"等理论（欧阳志云等，1996），为生态位理论更为深入发展提供指引作用，生态位理论研究逐渐进入新阶段。

生态位与生态系统服务息息相关，生态系统服务与生物多样性呈同向变动关系，即物种消失会降低生态系统的价值（Turnbull et al.，2016）。探究生态系统功能、服务与价值之间确切的关系，就可以利用生态位理论所提供的框架。生态位理论中提到，存在竞争关系的物种会通过其分化降低其生态位重叠，这种特性在植物生态中体现的尤为明显，一方面说明物种多样性的丧失具有非线性反应，另一方面降低了物种损失的影响。目前，生态位多样性研究逐渐与共存理论联系起来，Chesson（2015）认为可以通过识别平衡力与稳定力去理解物种的共存，因为物种差异性会通过对这两种力的影响来改变生物共存的状态。Oscar 等（2020）在研究生物共存的决定因素与生物多样性间的联系时，发现生态位差异过大会促进生态系统功能的最大化。不过学者们在共存理论与生物多样性、生态系统功能间仍未发现一对一的映射关系，但其领域间关联度较高，生态位理论在某种程度上可以用于检验生物多样性实验的结果，从而对生态系统服务的功能、权衡协同关系等研究提供新思路（Turnbull et al.，2016）。

四、协同学理论

20世纪60年代末，联邦德国斯图加特大学哈肯教授提出协同理论

（synergetics），起初应用于物理学领域，后来逐渐在生物、化学、管理学等领域得到较广泛的应用。Haken H（1977）指出自然系统、社会经济系统等一切开放系统均可在一定的条件下呈现出非平衡的有序结构，即协同学可应用于各个学科领域研究中（王力年，2012），尽管子系统有所不同，但是其新结构取代旧结构的机制却是相同的。协同理论主要研究远离平衡态的开放系统在与外界有物质或能量交换的情况下，如何通过自己内部协同作用，自发地出现时间、空间和功能上的有序结构，即使各系统的属性不同，但处于整体环境中的各系统间存在着相互影响而又相互合作的关系。其中也包括社会经济现象，如不同单位间的相互配合与协作、部门间关系的协调、企业间相互竞争的作用以及系统中的相互干扰和制约等。该理论在社会科学、经济学以及管理学的应用，为解决复杂、繁多的社会经济系统间的关系提供了新的研究思路和工具。

协同理论最突出的是关于协同效应的应用。协同效应是指在复杂系统中，要素间存在非线性非因果的相互作用关系，当外界环境满足一定条件下，要素之间（序参量之间）的互相联系、相互支持占据主导，而相对独立和互相竞争的关系减弱，系统从无序状态向有序状态演化，系统便产生了协同效应（侯文宣等，2007）。而这种整体效应大于各部分效应总和情况的出现，则是外部因素与系统内部要素共同作用的结果。协同效应的内涵的理解和诠释从基于企业绩效研究中主要体现资产增加或者绩效提升的"1＋1＞2"的效应（synergy effect），扩展和延伸至系统之间的物质、能量、信息交换、共享，系统之间共同协作，提高系统整体的运行效率和效益（coordinated effect）。

协同理论的核心理念为生态资源开发与保护、生态系统和经济系统协调性研究提供了基础的理论指导。如有的学者提出煤炭资源开采系统与水资源生态系统协同的理念，将煤炭资源开采与水资源生态系统协同进行概念界定以及特征分析，建立了协同度测度模型（李崇茂，2019）；有的学者将其应用于在生态系统服务的协同研究中，研究生态系统服务之间存在的此消彼长或彼此增益的关系（戴尔阜等，2015）。生态系统的各种服务间存在着相互影响且非线性相关的多维度关系，在全球变化和人类活动持续加剧的共同驱动下，各种服务时刻都在发生着动态变化。协同理论为本研究探讨生态系统服务权衡/协同关系、生态系统和经济系统的耦合共生关系奠定了方法论基础，对于提升生态系统服务的总体效益、保证生态－经济系统的可持续发展、维护人类福祉具有重要意义。

五、可持续发展理论

可持续发展思想起源于古代传统农林实践中，但随着 20 世纪 80 年代世界范围内的环保主义高潮的出现，才首次以学科术语形式在世界自然资源保护大纲（WCS）中被阐述。该大纲将自然资源的保护与发展相结合，其中发展是指满足人类生活需要与提升生活质量的经济发展；保护是指为实现当代人类利益最大化与后代生存的基本要求而对生物圈的合理利用，提出实现可持续发展的关键在于对自然资源的保护，为后续可持续发展理论的形成奠定了基础（李文华等，1994）。1987 年，世界环境与发展委员会（WCED）在《我们共同的未来》（Our Common Future）报告中系统阐述了可持续发展的概念："既能满足当代人的需要，又不损害后代人满足其自身需要的能力"，对生态、经济与人类发展依存关系的认识进一步加深，成为全世界在人类发展与环境保护研究领域的纲领性文件。1992 年，巴西里约热内卢召开了联合国环境与发展大会，签署了一项非约束性协议《21 世纪议程》与两项非约束性原则《里约环境与发展宣言》《关于森林问题的原则声明》，自此世界各国在可持续发展问题上达成了基本共识，可持续发展问题也首次从理论走向行动（徐再荣，2006）。2015 年联合国会员国在可持续发展峰会上通过的《改变我们的世界：2030 年可持续发展议程》提出了更加综合的可持续发展目标，更加注重环境目标在全人类发展中的重要性，以及对全球环境治理体系的构建。

可持续发展理论在需要－限制－公平这一核心思想的指导下，还蕴含着经济与社会可持续发展、资源可持续利用、环境可持续性建设等内涵，以期实现全球范围的可持续发展。可持续发展理论重视生态、经济和社会的三维协调发展，自然生态是人类社会经济发展的重要基础，社会经济发展对自然资源的过渡利用使得生态系统服务能力逐渐退化，作为人类赖以生存和文明传承基础的生态系统服务功能一旦被破坏，生态－社会－经济的可持续发展研究也就失去了依托。因此在研究生态系统与社会经济系统间的关系时，必须要将可持续发展理论作为宏观层面的指导。

第三节 本章小结

本章从文献综述和理论基础两个方面展开分析和论述，为下文研究奠定基础。

首先，基于 CiteSpace 知识图谱的文献计量分析与传统文献研究法对与本研究相关的已有研究进行梳理和分析，由已有文献可知国内外学者对生态系统服务的内涵、类型、价值评估方法、权衡协同效应、驱动机制、生态与经济可持续发展等方面已开展大量理论与应用研究，形成了较为丰富的研究成果；草地生态系统服务的权衡与协同效应研究也正向着辨析不同时空尺度的差异、揭示形成机制、注重人类福祉嵌入的研究方向不断深入，但与森林等生态系统研究成果相比，草地生态系统服务的相关研究仍然较为缺乏且不够深入。

其次，以多学科融合为研究视角，从福利经济学理论、人地关系理论、生态位理论、协同理论和可持续发展理论进行分析，为本研究提供理论支撑。人类对生态系统服务需求的日益增加，导致生态系统服务供给能力弱化，人类福祉也受到影响，只有协调生态系统与社会经济发展之间的关系，方可提升人类的福祉，因此，福利经济学为生态与经济耦合共生的相关研究提供了宏观理论背景。人地关系理论将自然要素和人文因素相结合，将人地系统划分为经济、社会和生态三个子系统，强调人地相互关系的耦合机制，为本研究的开展奠定了重要的理论基石。生态位理论在某种程度上可以用于检验生物多样性实验的结果，从而为本研究开展生态系统服务的功能、权衡协同关系等研究提供新思路。协同理论为本研究探讨生态系统服务权衡/协同关系、生态系统和经济系统的耦合共生关系奠定了方法论基础，对于提升生态系统服务的总体效益、保证生态－经济系统的可持续发展、维护人类福祉具有重要意义。可持续发展理论重视生态、经济和社会的三维协调发展，自然生态是人类社会经济发展的重要基础，社会经济发展对自然资源的过渡利用使生态系统服务能力逐渐退化，作为人类赖以生存和文明传承基础的生态系统服务功能一旦被破坏，生态－社会－经济的可持续发展研究也就失去了依托。因此，研究生态系统与社会经济系统间的关系必须要将可持续发展理论作为宏观层面的思想指导。

第三章　生态与经济耦合共生实证的
逻辑基础

人与自然和谐共生指出了生态系统与社会经济系统间最理想的存在状态，也是生态文明建设的目标。在生态与经济耦合共生的良性循环中，生态系统是健康有力的，能够源源不断地为经济发展提供资源和能源，为人类传承提供环境依托；经济系统同样能够为生态脆弱区恢复提供经济物质支持、维持生态－经济系统间的动态平衡。为具体分析生态与经济耦合共生运作机理与演变规律，本章采取理论与实证结合的方式，通过厘清耦合、共生、系统三个基础概念，将生态系统、经济系统与耦合共生理论相结合，分别从系统论与耦合共生论两个视角分析生态与经济之间非线性、多元耦合的关系；同时，简要阐述实证区域的选择思路、区域基本概况与数据来源。

第一节　耦合共生概念与内涵的界定

一、耦合共生的概念及内涵

（一）耦合

耦合概念来源于物理学，特指多个连接的电路在能量传送过程中互相作用、相互影响的方式。当前，耦合概念已经广泛渗透到社会学、经济学、生态学以及地理学等诸多研究领域。综合国内外学者对耦合概念的理论研究，耦合可定义为：两种或两种以上的社会经济系统或现象借助某种关联互相促进、互相影响，共同联系成为一个有机整体，并发挥最大的经济效益。

耦合作为一种描述性的概念，按照层次和程度的高低可以分为广义的普通耦合和较高层次的耦合（超耦合），耦合程度按照从弱到强可分为非直接耦合、数据耦合、标记耦合、控制耦合、公共耦合和内容耦合等类型。耦合的结构机制主要包含串联耦合和可选择并联耦合（任迎伟等，2008）：串联耦合机制指元素通过串联形成单一链条的联结方式，信息的传递效率完全取决于各链条结点元素的共同有效参与，系统的稳定性完全依赖于单个层次组织的正常运转，该系统模式的缺陷是低效率和不稳定；可选择并联耦合机制是指链条上结点有不同的元素可与其连接，有多重路径可以选择，整个系统由多个元素多层次并联构成，系统的运转、信息传递将通过并联关系来表现，该模式可增强对环境的反馈调节能力、提高系统效率和稳定性，是解决串联耦合元件增多而造成系统可靠性下降的一种新机制。

20 世纪 80 年代，耦合概念被引入农业系统科学，通过一定条件使两个或两个以上的子系统产生结构与功能的关联与影响，将原有的系统能量最大化，它既包括农业系统下的不同子系统间的衔接，也包括农业系统和农业以外系统间的关联，并将农业系统下的耦合方式分为生态耦合、社会经济耦合、空间耦合、时间耦合等四种（朱鹤健等，2008）。随着耦合概念理论及应用研究的逐渐拓展，我国学者马世俊首次提出"社会－经济－自然复合生态系统"的理论，王如松对该理论进一步扩展研究，认为社会、经济和自然这三个子系统相生相克、相辅相成，存在和谐有序的耦合关系，是实现人类社会与环境间可持续发展的有效途径（耿雪，2010）。之后，耦合系统的概念也逐渐被应用到生态与社会经济系统研究中，是指两个或两个以上的系统之间存在紧密的联系，并且通过系统间的物质、能量和信息的不断交换与流动，从而产生两种效果，一是打破原有的系统之间相互孤立、独立运作的局面，促进各个系统耦合成为一个更紧密的整体；二是按照某种结构和功能耦合而成的新系统在功能和结构上能够弥补原有系统的不足，使新系统做到可持续发展。耦合系统的耦合状态有良性耦合、不良耦合和恶性耦合状态。生态与经济系统如果不能正确处理生态系统服务、社会经济发展以及两者之间的关系，生态与经济系统就会处于不良的耦合状态甚至是恶性耦合状态。生态系统服务与社会经济发展之间并非是相互对立的关系，它们是相互依存并且共生共亡的耦合关系。良性耦合属于高水平耦合状态，生态系统与经济系统的良性耦合效应，将会产生巨大的生态效益、经济效益与社会效益，区域生态与经济将实现良性共振，整个系统处于高效率的运行状态，进而推动自然生态与经济社会的和谐稳定发展。

（二）共生

共生理论来源于生物学，主要用于研究种群之间的关系。共生是指不同生物种属依靠某种物质联系而生活在一起，各能获得一定利益，并逐渐走向联合以适应复杂多变的环境的相互关系。共生理论最初描述的是一种自然现象，后随着理论研究范围的不断扩展，逐渐被运用到其他许多研究领域。20世纪90年代，袁纯清（1998）将共生理论应用到我国经济管理领域，并将共生的概念定义为：基本的共生单元适应特定的共生模式，并且是在一定的共生环境前提下形成的相互之间的关系。随着社会的进步，共生学说的讨论进入新的层次，国外一些学者提出了产业共生系统的理念，用以诠释产业共生系统中产业的发展、企业间的互动以及环境改善之间的作用关系，国内学者也对共生理论进行了拓展，将其应用到社会经济领域中，共生逐渐变成了一种普遍的社会现象。

共生模式即共生关系，是指各个共生单元相互结合或相互作用的方式，包含共生单元之间相互作用的方式、相互作用的强度，以及共生单元之间的物质、信息和能量交换关系。共生模式从共生行为方式来看，可分为寄生关系、偏利共生关系、非对称性互惠共生关系和对称性互惠共生关系四类关系模式；从组织方式角度来看，可分为点共生、间歇共生、连续共生和一体化共生四种模式。生态与经济系统在共生组织模式上属于典型的一体化共生模式，其共生行为模式在短期上表现为非对称性互惠共生模式，在长期上表现为对称性互惠共生模式。共生系统是指在一定共生环境下，共生单元之间按某种共生模式所构成的相互作用的集合系统，主要由共生单元、共生基质、共生界面和共生环境四个基本要素构成。共生单元指构成共生体或共生关系的基本能量生产和交换单位，是形成共生体的主体和基本物质条件；共生基质的存在是共生存在的必要条件，它是共生单元间的互补资源；共生界面是共生关系形成和发展的基础，也是决定共生系统效率和稳定性的核心要素；共生环境即共生单元以内的所有因素的组合，如企业的共生环境就是其生存发展的生态环境，包括自然和社会环境、周围企业群等。

（三）系统

"系统"一词源于古希腊语，意思是由部分构成整体。美籍奥地利理论生物学家贝塔朗菲提出《一般系统论》的基本思想，以揭示传统机械理论无法揭示生命活动的规律，强调有机体的开发性和整体性。从不同角度出发，对系统概念的理解差异也较大，一般将系统定义为：若干要素以一定结构形式，联结构成的具有某种功能的有机整体，包括系统、要素、功能、结构四个概念，表明要素与要素、要素与系统、系统与环境三方面的关系。功能是系统对外的表现和有机体的表象，是系统与外部环境相互联系和相互作用过程中所具有的行为、能力和功效；结构是系统内部各子系统或要素间相互联系和相互作用的方式，表现为各子系统或要素在时间和空间上的组合形式，即系统内部的秩序。系统具有整体性和相关性、功能性和目标性、层次性和有序性、复杂性和方向性以及适应性的特征。

系统论是研究系统的一般模式、结构和规律的理论，主要研究各种系统的共同特征，寻求并确立适用于一切系统的原理和原则，是具有逻辑性质的一门新兴的科学。系统论的基本原则与系统所具有的基本思想观点是相一致而协调的，所以系统论不仅是反映客观规律的科学理论，也具有科学内涵的方法论。系统论的主要原则包括整体性、结构功能、目的性和最优化，其核心思想是系统的整体观念，对于系统的影响还需考虑结构功能的作用，结构和要素均不同但可能具有相同的功能，同一结构也可能有多种功能，目的性原则是确定或把握系统目标并采取相应的手段去实现，最优化原则是利用系统的特点和规律去控制、管理、改造系统，通过改变要素、调整结构、协调关系，使系统功能达到最佳，实现最优化目标。

二、生态与经济耦合共生

系统论用以表达复杂事物的结构层次，共生理论反映系统要素间的共生关系，耦合机制则是共生关系的实现方法，是系统稳定和良性发展的保证。三个理论之间互有交叉、相互渗透、互为补充，又拥有匹配和协调的属性与目标，成为新的事物属性、新型事物形态的动态发展过程。因此，生态与经济的耦合共生关系评价应以系统论为核心框架，以耦合理论和共生理论作为理论基石和方法基础。同理，三个理论也可对复合型草地生态子系统及牧区经济子系统间的联系合理释义，谋求草地生态与牧区经济的双向稳定路径，为研究草地生态保护、治理、修复与经济可持续发展奠定基础。

从系统论视角出发，生态与经济的耦合系统是区域生态子系统与经济子系统耦合而成的复合系统，各个子系统间相互作用机制共同推动整个系统的协调发展。在生态与经济的耦合系统中，两个子系统均为主体且互为基础，相互之间起着支撑作用，形成一个生态与经济的宏观性系统。生态与经济系统属于复杂的耦合共生系统，其变化往往是非线性的多元耦合、多维连锁以及多重反馈的，往往表现出如下特征：（1）多重性，生态与经济系统内部的各个共生单元之间的联系是非常紧密的，各个共生单元之间相互作用、相互依赖；（2）关联互动性，生态与经济系统两者相互促进、共同进化、抵抗退化，良性的耦合共生关系方可在维系与恢复生态系统的同时打通资产－财富的转换通道；（3）不可逆性，生态与经济系统是一个不可逆的系统，共生单元随着系统从一个阶段发展到另一个阶段后，就不可以再回到原来的阶段；（4）地域差异性，不同地域自然环境和经济社会条件不同，自然生态所承担的主要职能、生态地位、功能作用和对经济发展的贡献不同，经济发展、科技进步进程中对生态的反哺与维系作用也有所差异。

从耦合共生理论视角出发，系统间不同的耦合机制会对系统的可靠性与效率造成显著影响，在耦合共生作用下，系统运行的最终目标是达到稳定性。同理，当生态子系统与经济子系统耦合共生运作时，其目的就是要达到双向的稳定性与可持续发展。而在很长一段时间里，由于不加约束的人类活动，全球生态系统格局发生了难以逆转的改变，一方面随着科学技术等的提升，人们干预自然的能力不断增强，受人类控制的生态系统范围逐渐扩大；另一方面，由于缺乏科学的环保思想指导，人类对生态系统的开发方式与过程具有过度性与片面性，即对生态系统的索取超出其阈值，且对供给服务的过度关注导致了生态系统其他服务功能被忽略，许多同等重要的服务能力（如大气调节、生物保育、土壤维持）逐渐退化，全球性生态环境危机自此爆发（欧阳志云等，2000）。作为人类赖以生存和文明传承基础的生态系统服务功能一旦被破坏，人类社会发展研究也就失去了依托。因此在面对生态系统服务时，必须用联系的眼光去分析问题，将生态与经济统筹兼顾考量。

然而，生态与经济耦合共生不是将生态与经济在技术融合基础上简单地融合，而是使生态－经济系统在耦合共生过程中创造价值，实现经济生态化与生态经济化（陈运平等，2022）。经济生态化是以经济反哺生态：（1）GDP 的"绿色"回馈，如生态修复、生态补偿，即将经济发展以一定比例回馈到生态建设，调控资本分配引导生态保护与建设投入，促进生态环境健康发展；（2）GDP 的"绿色"转化，如运用绿色技术转变既有经济发展模式，引导绿色经济、优化产业结构、推进高效产出，并最大限度地降低经济发展过程中的生态消耗。生态经济化是以生态资源催生经济：作为经济发展的必要条件，资源是体现生态核心价值和增值效益的关键，同时促使人地关系朝良性发展方向转化，这表现于环境资源作为生产资料直接投产并发展绿色经济，通过对生态资源的深入挖掘，以直接价值或是产品附加价值转化到产品中，同时体现于对资源环境承载力、生态环境容量提升之后所带来的激励性的环境、经济效应，从而促进绿色 GDP 的增长。

第二节　生态与经济的耦合共生的机理分析

一、耦合发展机制

生态与经济两个系统的耦合发展是两个系统内部各主要要素之间耦合协同、有机协调。经济发展到一定的阶段不能再一味地追求经济指标的飙升，即不能仅关注数量而忽视经济发展的质量，必须考虑由此带来的对生态环境的负面影响，需把生态环境控制在其所能承受的范围之内，以实现可持续发展的良性循环，这才是耦合协调发展。生态与经济耦合发展属于多层次的耦合：时间层面，耦合过程经历"非耦合—耦合—非耦合—再耦合"的周期运动；空间层面，经济结构与生态功能有机结合，两系统之间构成空间有机整体。因此，生态与经济系统耦合发展的实质是两系统之间相互作用、彼此影响，一方面形成了负向的胁迫约束机制，另一方面形成了正向的良性促进机制。

（一）负向的胁迫约束机制

胁迫约束机制的作用路径具有双向性。一是经济发展过程中的城镇化扩大、资源过度开采、基础设施扩张等对生态环境具有胁迫效应。尤其一些资源型地区在经济发展过程中，地区经济增长方式对资本和劳动力的依赖程度较大，在追逐经济增速的同时，往往存在资源开采成本较高、运输成本较大、大规模且高强度地开发利用资源等现象，从而出现高污染高排放、无节制出售初级产品和稀缺资源等现象，导致资源的巨大消耗和浪费、生态环境不堪重负、生态破坏严重。二是生态环境的恶化反过来也会对区域经济发展具有约束效应。环境污染和生态破坏不仅造成巨大的经济损失，打压经济增长，同时也会造成地区的私人投资和外资的吸引力不足、资本外流等现象，使经济增长缺乏可持续性。

（二）正向的良性促进机制

良性促进机制的作用路径同样具有双向性。一方面，当经济步入高质量发展阶段时，此时经济发展以创新驱动为主要增长方式，以智慧经济为主导，高附加值为核心，具有质量主导数量、GDP无水分、节能环保为主要特点，使经济总量成为有效经济总量、产业不断升级，在降低环境破坏的同时进一步带动生态文明建设，如第三产业在经济结构中重要性提升后，自然资源消耗的绝对量与相对量随之降低，高附加值的特点会帮助国家或地区在竞争中处于有利地位，同时加速促成生态 - 经济友好型循环。另一方面，当生态承载力水平较高时，生态系统的自我维持、自我调节、资源与环境共生、共容等能力较强，此时的生态系统有能力将人口数量、社会经济活动强度等维持在优良水平。

二、共生发展机制

共生系统的基本原理是指共生系统在形成和发展过程中所遵循的客观规律以及共生系统内部的一些必然联系：（1）质参量兼容原理，是指共生单元内部的质参量之间相互交换与兼容的特性，它是共生系统存在的基础；（2）共生能量生成原理，是指共生能量是共生系统得以共生存在并且其能量不断发展的保证和前提条件；（3）共生界面选择原理，是指共生界面的选择非常重要，包括共生对象的选择和能量使用方式的选择，它对共生单元和共生能量都有着决定性的作用；（4）共生系统相变原理，是指共生系统从一种状态转变为另一种状态的变化过程；（5）共生系统进化原理，是指共生系统是处于不断演化和进步的过程，共生系统中的共生单元的重要性不同，在进化过程中所起的作用也不相同。

生态与经济系统是一个既满足耦合共生充分条件又满足耦合共生必要条件的共生系统。生态与经济两个子系统均是该系统的共生单元，这两个共生单元都有相应的质参量和象参量来决定其性质特征，各个质参量之间是相互兼容的。从长期视角出发，生态与经济系统会朝着正确的方向协调运作，如生态文明理念发展、资源节约型企业增加、清洁能源开发与利用等都会促使生态与经济系统的持续稳定地发展，最终实现良性循环。但是从短期来看，良性发展状态难以达到，如对经济增长速度过于重视，人口也随之持续增长，过度的人口增长造成自然资源快速消耗，进而导致自然生态与社会经济系统发展不协调。

根据共生理论，构成生态与经济系统共生的三个要素分别为共生单元、共生基质和共生环境。在本研究中，共生单元是构成共生体的基本组成单位，在生态系统中则为生态系统里的"生物"，经济系统中的共生单元主要指的是经济活动的实践者，即从事经济生产活动的主体；共生基质是实现共生必不可少的条件，共生单元互动离不开共生基质，在生态与经济系统中共生基质是指进行经济活动中不可或缺的投入要素，包括财力、资源、人力、时间等；共生环境是支撑共生体存在的重要外部条件，在经济-生态系统中具体表现为经济社会发展水平、人文环境、高承载力的生态状况等因素。生态与经济系统在共生环境中进行价值创造和价值获取的耦合活动，二者彼此依赖，共生互动，唯有相辅相成，良性匹配，方能激发生态与经济系统的共生效应。简而言之，资源交换、能量流动、关系演化以及彼此间的全面互动会产生整体的效应，这就是所谓的共生机制。

生态与经济共生发展不是固定不变的，它随共生单元的性质变化及共生环境的变化而变化。尽管共生系统存在多种状态，但对称互惠共生是系统进化的一致方向。所有共生系统中对称性互惠共生系统是最有效率也是最稳定的系统，任何具有对称性互惠共生特征的系统在同种共生模式中具有最大的共生能量。任何完整的共生关系都是行为方式和共生程度的具体结合。衡量生态与经济系统的共生性，是基于整体的思维，从全要素共生互动、匹配依存的角度，从共生水平以及共生关系两个方面来全面反映生态与经济系统的共生发展机制的作用程度。

第三节　实证研究区选择

一、选择思路

20 世纪以来，全球在经济飞速发展的同时也伴随着人口快速增长、土地滥垦过牧、森林大量砍伐等问题，自然资源的过度消耗和浪费加剧了资源短缺，为区域发展特别是资源型地区和城市带来了人口、资源、环境与发展的问题。西部地区是我国的资源富集区，矿产、土地等资源十分丰富，是西部形成特色经济和优势产业的重要基础和有利条件，伴随着西部大开发战略的实施，数量众多的资源型地区走上持续、快速发展轨道。数据显示，经过 20 多年的发展，西部地区生产总值从 1999 年的 1.58 万亿元跃升至 2020 年的 21.3 万亿元。然而，资源高依赖性的经济发展方式虽在相当长的一段时间带动了地区发展，但也埋下大量生态环境隐患，使得资源型地区的资源优势逐渐丧失，出现经济发展动力明显不足、方式趋于粗放等诸多问题。特别是分布在西部及西北部边缘地带的天然草原地区，是我国的主要牧区所在，多以温带大陆气候和高原山地气候为主，自然条件复杂，环境恶劣，水草资源极不平衡，生态系统功能逐渐退化，生态文明建设与牧区经济发展矛盾日益凸显。党的十九大对不断提高资源型地区经济转型发展水平提出新的要求。新形势下，重新审视和评价自然生态与牧区经济发展的关系，科学判断其耦合共生的时空演变特征，对于实现西部资源地区经济转型、推动牧区经济高质量发展具有十分重要的理论价值和现实意义。

内蒙古自治区是我国西部典型的资源型地区以及五大牧区之一，是祖国北方重要的生态安全屏障。自然资源十分丰富，其中草地占地面积为8666.7万 hm^2，占全国草地面积的22%左右，可利用草地面积占全国草原总面积的78.7%。但由于西伯利亚高压经年累月入侵、近年来快速的城市化进程、资源的过度开采和浪费等各方面原因，草地沙化已经成为威胁其发展的主要原因。内蒙古约从1960年开始，天然草地的承载力逐渐趋于阈值上限，在同单位面积草地上人口净增长为3.5倍，牲畜饲养增加为55.3%，草地资源供需差值急剧拉大，草地生态压力远远超出其自身的承载力。自2000年以来，全区逐渐开展了退牧还草、京津风沙源治理、草原生态保护奖补等政策，草地生态环境得到明显改善。然而，草地"治理速度"滞后于"退化速度"的被动局面仍未从根本上扭转，故厘清草地生态系统服务现状和空间格局、科学配置草地生态系统服务功能，实现草地生态与牧区经济的耦合共生，对于统筹推进内蒙古草地生态保护和修复工作、实现区域社会经济可持续发展具有重要意义。有鉴于此，本研究选择内蒙古自治区作为实证研究对象，在分析草地利用时空变化特征的基础上，利用 InVEST 模型和 CASA 模型对草地生态服务功能价值进行评估，探究草地生态系统服务权衡协同的变化规律及驱动机制，综合评价草地生态与牧区经济的耦合共生关系，以期为研究区针对性地制定草地修复与保护政策、实现草地生态安全建设、促进草地资源保护与经济可持续发展提供科学依据。

考虑到数据的可获取性以及更好地与新疆、西藏、青海、甘肃等其他牧区横向对比研究，本研究实证分析特选择以内蒙古全域数据指代内蒙古牧区草地生态和经济发展情况。

二、研究区概况

（一）区位概况

1. 地理位置

内蒙古自治区位于我国北部地区，自西向东呈狭长形，横跨东北、华北、西北三北地区。地理范围为 97°12′E ~ 126°04E，37°24′N ~ 53°23′N。东西长 2400 千米，南北宽 1700 多千米。总面积占全国的 12.3%，为 118.3 万平方千米。内与八省区毗邻，东部与辽宁、黑龙江、吉林三省毗邻，西部与甘肃省接壤，南部与西南部分别与河北、山西、宁夏、陕西四省相连。北部与蒙古国与俄罗斯接壤，国境线总长达 4200 多千米。下辖 12 个地级行政区，包括 3 个盟、9 个地级市，分别为阿拉善盟、锡林郭勒盟、兴安盟、乌海市、巴彦淖尔市、鄂尔多斯市、包头市、呼和浩特市、乌兰察布市、赤峰市、通辽市和呼伦贝尔市（见图 3 - 1）。

图 3 - 1 内蒙古自治区地理位置及行政区划图

2. 地形地貌

内蒙古自治区地形地貌复杂多样，地势起伏较为明显，不同区域之间差异较大，主要由山地、丘陵、高原等地貌单元组成，其中高原地貌占总面积的53.4%，山地与丘陵分别占20.9%和16.4%，平原占8.5%，沙漠占19.2%，河流、湖泊及水库等水域占0.8%，平均海拔高度1000米以上，最高海拔3556米。地势由南向北、由西向东逐渐向下倾斜下降。错综复杂的地形与不同区间之间差异较大的气候影响着大气环流和地表水热条件的再分配，进而影响着内蒙古自治区植被的分布与发育，形成了内蒙古自治区独特的自然资源与自然条件（见图3-2）。

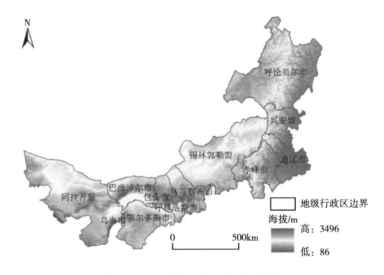

图3-2 内蒙古自治区地貌地形图

3. 气候特征

内蒙古自治区位于北半球纬度较高地区，除大兴安岭北段为寒温带大陆季风气候外，其余均为温带大陆性季风气候。受高压控制，冬季寒冷且漫长，大部分地区年平均气温为0-8℃，中西部最低气温低于-20℃，由于东南海洋热团的影响，夏季气温在25℃左右。全年大风日数平均在10-40天，70%发生在春季。沙暴日数大部分地区为5-20天。全年降水量高达500mm以上，且时空分布不均，主要集中在夏季，在空间上由东向西逐渐递减。全年日光充足，光能资源丰富，年日照时数平均可达2700小时，太阳辐射量每年保持在40000（MJ/m²）以上。大兴安岭和阴山山脉是全区气候差异的重要自然分界线，大兴安岭以东和阴山以北地区的气温和降雨量明显低于大兴安岭以西和阴山以南地区（见图 3 - 3、图 3 - 4）。

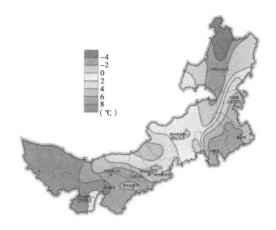

图 3 - 3　内蒙古自治区年平均气温分布图

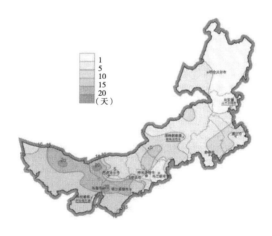

图 3 - 4　内蒙古自治区年沙暴日数分布图

4. 水文条件

内蒙古自治区有以黄河、西辽河、嫩江和额尔古纳河四大水系为主的大小河流千余条，流域面积在 300 平方公里以上的河流有 450 余条，其中大于 1000 平方公里的约有 200 条。湖泊在 200 平方公里以上的有 4 处，其中全国五大湖之一的呼伦湖位于呼伦贝尔高原上，面积约 2315 平方公里，蓄水量约 131 亿立方米。水资源空间严重分布不均，与人口、耕地分布也不相适应，东部地区黑龙江流域水资源总量占全部的65%，中西部除黄河沿岸可利用部分过境水外，其余大部分地区水资源紧缺（见图3-5）。

图3-5　内蒙古自治区水文水系分布图

5. 土壤类型

内蒙古地域辽阔而宽广，土壤种类较多。根据土壤属性的不同，内蒙古土壤可分为9个土纲、22个土类。全区土地带由东北向西南排列，依次为黑土地带、暗棕壤地带、黑钙土地带、栗钙土地带、棕壤地带、黑垆土地带、灰钙土地带、风沙土地带和灰棕漠土地带。目前，全区总面积中，耕地占7.32%，未利用土地13.85%，林地占16.40%，草地占59.86%，水域及沼泽地占1.43%，城镇村及工矿园地占0.84%，交通用地占0.269%（见图3-6）。

（二）自然资源概况

1. 矿产资源

内蒙古地域辽阔，成矿地质条件优越，矿产资源十分丰富。全区中西部地区富集铜、铅锌、铁、稀土等矿产；中南部地区富集金矿；东部地区富集银、铅锌、铜、锡、稀有、稀散金属元素矿产。能源矿产资源遍布12个盟市，但主要集中在鄂尔多斯盆地、二连盆地（群）、海拉尔盆地群。包头白云鄂博矿山是世界上最大的稀土矿山。截至2020年底，内蒙古具有

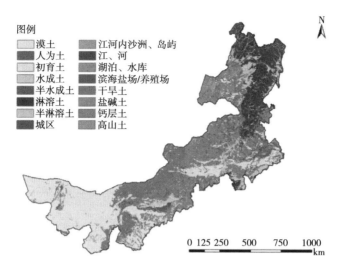

图 3 - 6 内蒙古自治区土壤类型分布图

查明资源储量的矿产有 125 种（含亚种），列入《内蒙古自治区矿产资源储量表》的矿产有 119 种。全区共有 103 种矿产的保有资源量居全国前十位，其中有 48 种矿产的保有资源量居全国前三位，特别是煤炭、铅、锌、银、稀土等 21 种矿产的保有资源量居全国第一位。

2021 年，全区规模以上煤炭企业生产原煤 10.4 亿吨、同比增长 2.7%。从地区分布看，东部地区规模以上煤炭企业生产原煤 2.95 亿吨、同比增长 5.7%，西部地区规模以上煤炭企业生产原煤 7.45 亿吨、同比增长 1.6%，其中鄂尔多斯市 6.73 亿吨、同比增长 3.7%。

2. 森林资源

内蒙古是我国森林资源相对丰富的省区之一。从东到西分布有大兴安岭原始林区和 11 片次生林区（大兴安岭南部山地、宝格达山、迪彦庙、罕山、克什克腾、茅荆坝、大青山、蛮汉山、乌拉山、贺兰山、额济纳次生林区），以及长期建设形成的人工林区。

2020 年全区森林面积 4.08 亿亩，居全国第一位，森林覆盖率 23.0%；人工林面积 9900 万亩，居全国第三位；森林蓄积 16 亿立方米，居全国第五位。天然林主要分布在内蒙古大兴安岭原始林区和大兴安岭南部山地等 11 片次生林区，人工林遍布全区各地。全区乔灌树种丰富，林木树种主要有白桦、杨树、落叶松、榆树、白刺、柠条、沙柳等。

3. 水资源

内蒙古境内共有大小河流千余条，流域面积在 1000 平方公里以上的河流有 107 条；流域面积大于 300 平方公里的有 258 条。全区地表水资源为 406.60 亿立方米，与地表水不重复的地下水资源为 139.35 亿立方米，水资源总量为 545.95 亿立方米，占全国水资源总量的 1.92%。人均年占有水量为 2200 立方米，耕地每公顷平均占有水量 0.76 万立方米。

内蒙古水资源在地区、时程的分布上很不均匀，且与人口和耕地分布不相适应。东部地区黑龙江流域土地面积占全区的 27%，耕地面积占全区的 20%，人口占全区的 18%，而水资源总量占全区的 67%，人均占有水资源量为全区均值的 3.6 倍。中西部地区的西辽河、海滦河、黄河 3 个流域总面积占全区的 26%，耕地占全区的 30%，人口占全区的 66%，但水资源仅占全区 24%，大部分地区水资源紧缺。

4. 草地资源

草原是内蒙古最大的陆地生态系统，是我国北方生态安全屏障的重要组成部分，是农畜产品生产基地和能源战略资源基地建设的重要保障。内蒙古草原是欧亚大陆草原的重要组成部分，天然草原面积 13.2 亿亩，草原面积占全区土地面积的 74%，占全国草原总面积的 22%。自西向东分布着温性草甸草原、温性典型草原、温性荒漠草原、温性草原化荒漠和温性荒漠类五大地带性草原类型，占全区草原总面积的 89%，还分布有山地草甸类、低平地草甸类和沼泽类 3 类地带性植被。全区草原产草量地带性差异较大，各类草场平均单产在 191 至 23 公斤/亩之间，载畜能力每个羊单位在 7 至 106 亩之间。2020 年草原植被盖度达 45%。

5. 野生动植物资源

内蒙古有维管植物 2686 种，其中野生维管植物 2498 种，引种栽培的维管植物有 188 种。这些植物隶属于 144 科、83 属，被列为第一批国家保护的野生植物有 13 种。内蒙古生境多样、复杂，孕育丰富的野生动物资源。截止 2020 年，全区共有陆生野生动物 683 种。陆生脊椎动物列入国家一级、二级重点保护动物 116 种，列入中国濒危动物红皮书动物名录 100 种。

（三）社会经济概况

2021 年，全区地区生产总值 20514.2 亿元，比上年增长 6.3%。其中，第一产业增加值 2225.2 亿元，增长 4.8%；第二产业增加值 9374.2 亿元，增长 6.1%；第三产业增加值 8914.8 亿元，增长 6.7%。三次产业比例为 10.8：45.7：43.5，第一、二、三产业对生产总值增长的贡献率分别为 9.0%、39.3%、51.7%。人均生产总值达到 85422 元，比上年增长 6.6%。全年全社会固定资产投资比上年增长 9.5%。其中，固定资产投资（不含农户）增长 9.8%。在固定资产投资（不含农户）中，第一产业投资增长 2.4%，第二产业投资增长 21.1%，第三产业投资增长 2.4%。

2021 年末，全区常住人口 2400.0 万人，比上年末减少 2.8 万人。其中，城镇人口 1637.0 万人，乡村人口 763.0 万人；常住人口城镇化率达 68.2%，比上年提高 0.7%。城镇常住居民人均可支配收入 44377 元，比上年增长 7.3%，城镇常住居民人均生活消费支出 27194 元，增长 13.8%。农村牧区常住居民人均可支配收入 18337 元，比上年增长 10.7%。农村牧区常住居民人均生活消费支出 15691 元，比上年增长 15.4%。

第四节　数据来源及处理

一、土地利用遥感解译数据

1. DEM 高程数据：来源于地理空间数据云中心（http：//www.gscloud.cn/）的，因研究区域过大，故本研究采用 SRTMDEM 精度为 90M 分辨率原始高程数据，通过一系列数据处理，如栅格转面，叠加合成与裁剪等最终得到内蒙古全区高程数据。

2. 土地利用数据：通过 Global 获取内蒙古自治区 2000、2010、2020 年土地利用数据，通过重分类并提取内蒙古草地分布数据后将其进行融合处理，得到研究区不同草地类型面积、分布、比例等数据。

3. NDVI（归一化植被指数）：用于检测植被生长状态、植被覆盖度和消除部分辐射误差等,其能反映出植物冠层的背景影响,如土壤、潮湿地面、雪、枯叶、粗糙度等,且与植被覆盖有关。本研究通过 ENVI 等软件分析合成归一化植被指数数据。

4. 土壤侵蚀因子:选用《SL773－2018 生产建设项目土壤流失量测算导则》中数据。

5. 土壤碳储存量:参考相关文献等资料中关于内蒙古各种草地种类的表层土壤(0—30cm)碳含量。

二、其他数据资料

1. 太阳辐射量:通过国家地球系统科学数据中心(http://www.geodata.cn/)下载获取内蒙古自治区 2000 年、2010 年与 2020 年的太阳辐射量数据。

2. 温度:数据通过国家气象科学数据中心(http://data.cma.cn/)获取,统计内蒙古各月的平均温度并求得年均温度。

3. 碳交易价格:选用中国碳交易网中北京碳交易平均价格。

4. 物价指数(CPI):衡量市场上物价总水平变动情况的指数。数据通过国家统计局官网(http://www.stats.gov.cn/)获取。

5. 降水量:数据通过国家气象科学数据中心获取,本研究所用数据主要为月降水量与年降水量数据。

6. 社会经济数据:本研究涉及的社会经济等基础数据来源于《新疆统计年鉴》、《青海统计年鉴》、《新疆统计年鉴》、《西藏统计年鉴》、《内蒙古统计年鉴》、《内蒙古调查年鉴》、内蒙古草地资源普查汇总、内蒙古各盟市国民经济与社会发展统计公报,以及内蒙古自治区和各盟市林业和草原局、环保局、发改委等相关网站。对于指标体系中个别年份缺失的数据,主要通过时间序列预测以及相邻年份数据的平均值对缺失值进行了插补。

第五节　本章小结

本章通过对耦合共生的概念与内涵的界定、生态与经济耦合共生的机理分析,探究生态与经济耦合共生实证的逻辑基础。在此基础上对实证研究区选择的思路、实证研究区概况以及本研究的数据来源进行阐述。

第四章　内蒙古草地生态系统
服务评估研究

草地利用及覆盖变化与草地生态系统服务功能密切相关，草地利用类型在空间上的转移以及草地利用面积在时间上的变化均会影响草地生态系统服务的改变，进而影响生态系统服务价值量的变化。因此，明晰内蒙古及各盟市草地利用/覆盖时空变化特征，探究不同土地利用类型在不同时间点的转移与变迁，是评估生态系统服务变化过程和机制的前提基础。借助 InVEST模型和 CASA 模型对内蒙古 2000 年、2010 年和 2020 年净初级生产力（NPP）、提供生态产品、固碳量、涵养水源、水土保持和营养物质循环 6 种生态系统服务进行计算，并评估出各生态系统服务的价值量，分析其在不同研究周期的时空格局变化。鉴于生态系统提供的多种服务，因服务类型的多样、空间分布的不均衡性以及人类使用的选择性，使得各类服务之间产生相互作用、相互联系和相互交织的关系，这些复杂的关系是动态变化的，存在着此消彼长的权衡关系和同增同减的协同关系，因此本文对内蒙古生态系统服务间的权衡协同关系进行进一步的分析和探究，为科学地管理生态系统、促进研究区草地生态环境与经济的协调可持续发展提供数据支撑。

第一节　草地利用变化时空演变

一、草地利用变化时空格局

（一）草地覆盖空间分布特征

本研究选取 2000 年、2010 年和 2020 年内蒙古高精度土地利用高程数据（30M），使用 GIS 空间分析功能对内蒙古草地分布进行空间量化分析。

基于对研究区域的投影先进行土地利用数据的重分类，然后对草地覆盖度进行分类。将水分条件较好、草被生长茂密且覆盖大于50%的天然、改良和割草地划分为高度覆盖草地；将草地水分不足、草被较稀疏且覆盖度在20%－50%之间的天然、改良草地划分为中度覆盖草地；将水分不足、草被稀疏、牧业利用条件较差且覆盖度在5%到20%之间的天然草地划分为低度覆盖草地；同时将其他不是草地的土地利用类型分类为其他土地类型，最终生成内蒙古草地类型空间分布图（见图4－1）。

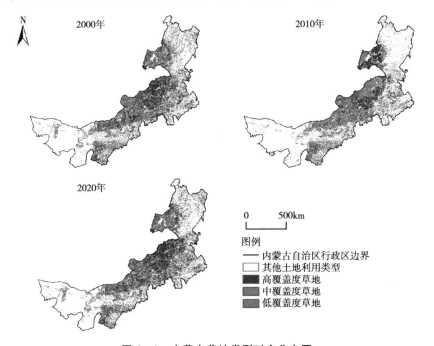

图4－1 内蒙古草地类型时空分布图

由图4－1可知，从草地地理分布来看，内蒙古草地分布具有空间聚集性，内蒙古高原两侧草地分布最为密集，其中锡林郭勒高原、乌兰察布高原、巴彦淖尔高原草地分布较为集中，中高覆盖度草地类型所占区域较大，呼伦贝尔高原东侧、阿拉善高原、鄂尔多斯高原草地分布相对较为疏散，低覆盖度草地类型以及无草地覆盖的区域分布范围较广。从研究区境内水域分布来看，黄河、西拉沐伦河流域、呼伦贝尔湖等周围草地覆盖度较高。从草地覆盖程度来看，草地分布具有"西端区域低，中东部区域高，北密南疏"的分布特征，其具体表现为研究区西侧草地覆盖度低，即阿拉善地区整体草地覆盖度低，中部和东部以中、高覆盖度草地类型为主，北部草地覆盖程度整体要较南部分布更为密集，整个研究区域草地空间分布呈现不均衡的状态。

草地空间分布特征与内蒙古的地理位置及其自然条件密切相关，研究区由东北向西南斜伸，呈狭长形，水文、地貌、气候、土壤等自然因素东中西差异明显，使得草地等植被覆盖程度出现空间分布的不均匀。此外，从人文因素分析，内蒙古草地分布具有"远离城市分布"的特点，其具体表现为草地覆盖与城市距离成正比关系，距离城市越远，草地覆盖越为密集，内蒙古城市人口多集中分布于中部、东部地区，如呼和浩特市、包头市、赤峰市、乌兰察布市等，这些城市的存在打破了草地生态系统的自然平衡，用一种人为的方式改变着区域内的能量传输与物质供给，且随着城市化的逐步深入，草地面积减少更为严重，结合不同时点的草地分布图可以看出，内蒙古草地面积的减小区域，多集中在人口密集的区域。

（二）草地覆盖时间分布特征

从时间来看，2000—2020 年内蒙古部分地区草地分布呈现"退化 - 修复"的特征。由研究区西部草地类型时空分布（见图 4 - 2）可知，阿拉善高原西部草地覆盖 2000—2010 年呈现急剧减少的态势，草地覆盖区域面积减少明显，2010—2020 年这 10 年间草地又逐渐得到恢复，使得草地覆盖区域增加。2000 年阿拉善高原中西部草地覆盖以低覆盖度为主，随着时间的推移阿拉善高原中西部地区草地逐渐出现退化，从 2000 年的大面积密集分布发展至 2010 年的小区域疏散分布；2010 年以后，草地分布区域范围逐渐增加，草地生态恢复明显，从 2010 年的完全退化草地发展至 2020 年的低覆盖度草地分布区域明显增加的状态。

研究区其他区域草地也出现了覆盖度不同程度变化的态势。从图 4 - 3可知，内蒙古中部草地覆盖发生了显著的变化。2000 年，内蒙古中部地区主要以高覆盖度草地为主，密度自西向东逐渐降低；2010 年，中部区域草地退化较为明显，高覆盖度草地出现大面积转移，尤以锡林郭勒东北部转移显著，大量高覆盖度草地转变成中覆盖度草地，锡林郭勒西部、乌兰察布北部、包头等区域的中、高覆盖度草地向低、中覆盖度草地转移；2010—2020 年草地变化状况相较于前 10 年的急剧退化的趋势有所好转，锡林郭勒东北部在前 10 年退化

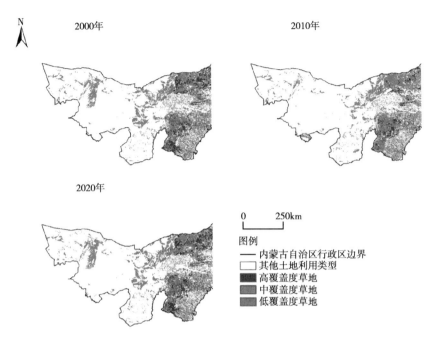

图 4 - 2 内蒙古西部草地类型时空分布图

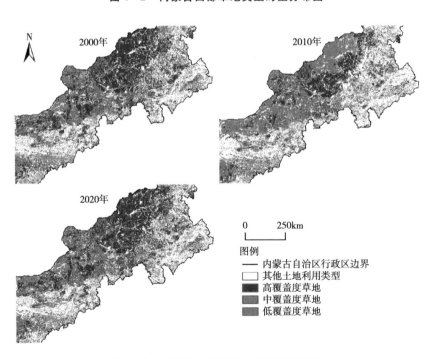

图 4 - 3 内蒙古中部草地类型时空分布图

的草地开始逐渐恢复，高覆盖度草地区域分布范围增大，整个区域以中、低覆盖度草地向高、中覆盖度草地转移。整体来看，2000—2020 年中高覆盖度草地仍然出现递减的趋势，但低覆盖度草地出现增加的趋势。

如图 4-4 所示，内蒙古东北部地区也出现草地覆盖度、覆盖程度明显变化的趋势。2000 年，呼伦贝尔草原以呼伦湖为中心，分布着大量高覆盖度草地，且呼伦贝尔湖西部覆盖程度低于东部。2010 年，草地覆盖程度发生转移，大量高覆盖度草地转变成了中覆盖度草地，呼伦湖东西两侧均出现一定范围覆盖程度的降低，但是值得注意的是，内蒙古东部地区其他利用类型的土地开始向草地转移，且增长速度较快。2020 年，呼伦贝尔区域草地覆盖度、覆盖程度发生逆转变化，呼伦湖东部有大面积高覆盖度草地转化成为中覆盖度草地，大兴安岭两侧的丘陵区域草地面积得到恢复，高覆盖度草地再次出现在此区域，且密集程度、分布特征与 2000 年极为相似，这也说明内蒙古北部草地生态系统得到初步恢复。

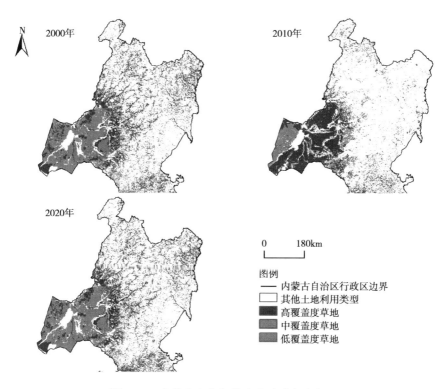

图 4-4　内蒙古东北部草地类型时空分布图

（三）草地面积变化分析

运用 ArcGIS 几何计算功能量化并获取内蒙古全区草地面积，通过分区统计功能可以进一步细分研究区域，对研究区不同行政单位分别进行单独计算，从而得到各盟市地区的草地面积（见表 4 - 1）及空间变化图（见图 4 - 5）。2000 年、2010 年和 2020 年内蒙古草地面积分别为 529677.98km²、470671.75km² 和 525670.68km²。草地面积出现先减少后增加的趋势，2000—2010 年 10 年间草地面积共减少 59006.23km²，2010—2020 年 10 年间草地面积增加了 54998.93km²。2000—2010 年，内蒙古各盟市草地面积变化较小，通辽市与阿拉善盟草地面积变化比较明显，草地面积均出现明显的下降，通辽市草地面积从 2010 年的 25540.21km² 下降至 2022 年的 20022.98km²，阿拉善草地面积由 25397.93km² 下降至 15824.11km²。2010—2020 年大部分盟市草地面积均出现增长的趋势，尤以呼伦贝尔、阿拉善、兴安盟和巴彦淖尔增加较为明显，分别增加了 26461.40km²、9694.44km²、4094.44km² 和 4404.90km²，但鄂尔多斯和锡林郭勒盟出现了小幅度的减少，分别减少面积为 1553.34km² 和 1046.85km²。

整体来看，研究期的前 10 年内蒙古东部和西部地区盟市均出现不同程度的草地减少，中部地区草地面积较为稳定。通辽市拥有肥沃的土壤，是内蒙古重要的产粮基地之一，随着 21 世纪以来内蒙古农业现代化的发展，草地转化为耕地的速度加快，进而使得草地面积锐减；与此同时，阿拉善由于自然因素以及人类活动的增加，出现草地荒漠化、水土流失等生态问题，表现为内蒙古西部草地生态系统遭到严重的破坏。2010—2020 年，内蒙古草地面积出现恢复，阿拉善盟与通辽市草地面积均恢复至 2000 年水平，一些地区如乌兰察布市草地面积超过 2000 年水平，达到 32083.12km²。

表 4 - 1　　**2000、2010、2020 年内蒙古各盟市草地面积**　　单位：km²

年份	2000 年	2010 年	2020 年
呼伦贝尔市	98173.63	71019.19	97480.59
兴安盟	23668.3	19379.06	23473.5
锡林郭勒盟	167632.55	168027.4	166980.55

续表

年份	2000 年	2010 年	2020 年
通辽市	25540.21	20022.98	25099.46
赤峰市	44700.89	35639.76	43858.47
乌兰察布市	31683.6	32279.21	32083.12
阿拉善盟	25397.93	15824.11	25518.55
包头市	18311.17	17898.34	17989.99
巴彦淖尔市	34293.68	29829.38	34234.28
呼和浩特市	6431.59	6494.14	6254.78
鄂尔多斯市	52931.85	53414.71	51861.37
乌海市	912.58	843.47	836.02
总计	529677.98	470671.75	525670.68

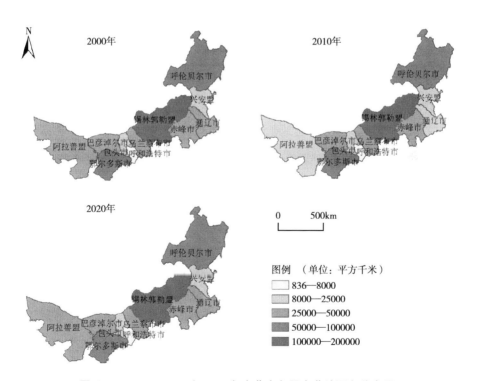

图 4-5　2000、2010 和 2020 年内蒙古各盟市草地面积分布图

（四）草地覆盖度变化分析

草地覆盖度是草地面积占包括草地面积在内的其他用地面积的比重，可以反映区域面积内草地的发展程度。依据已分类数据，使用 ArcGIS 中表属性功能，使用字段计算器，用不同类型草地像元数量乘以每个像元面积（30×30），再对三个时间的草地面积进行汇总计算，最终得到不同年份草地覆盖度变化图（见图 4 - 6）。2000—2010 年内蒙古草地覆盖度从46.22%下降至41.07%，草地覆盖度下降幅度达5.15%，草地生态系统遭到严重破坏；2010—2020 年，内蒙古草地覆盖率下降趋势出现逆转，草地覆盖率恢复至45.87%，草地覆盖率增加幅度为4.8%，前10年和后10年的增减基本一致，草地生态系统平衡得到保持。

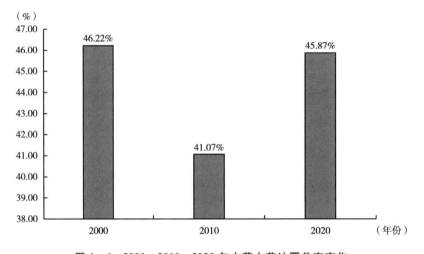

图 4 - 6　2000、2010、2020 年内蒙古草地覆盖率变化

内蒙古各盟市在研究期三个不同时间点的草地覆盖度如表 4 - 2 和图 4 - 7 所示。总体上看，内蒙古各盟市的草地覆盖度较高，大部分盟市能达到 30% 以上，草地覆盖度最高的盟市为锡林郭勒盟，最低的是阿拉善盟，草地覆盖度的时空异质性较强。2000—2010 年绝大部分盟市的草地覆盖度出现降低的趋势，草地减幅最大的是呼伦贝尔市和赤峰市，分别减少10.74% 和10.43%，通辽市、兴安盟、巴彦淖尔市、乌海市、阿拉善盟也出现不同程度的减幅；2010—2020 年各盟市与前 10 年相比较，草地覆盖度增加趋势明显，呼伦贝尔市和赤峰市在前 10 年退化的草地，在本时期内基本得到恢复，增加幅度分别为 10.47% 和 9.46%，草地生态系统基本维持平衡，其他盟市如通辽市、巴彦淖尔市、兴安盟的草地覆盖度增加幅度也较大，其他盟市覆盖度变化不显著。

表 4-2　内蒙古各盟市 2000、2010、2020 草地覆盖度变化情况　　单位:%

年份	2000 年	2010 年	2020 年	2000—2010 年	2010—2020 年
呼伦贝尔市	38.83	28.09	38.56	-10.74	10.47
兴安盟	42.92	35.14	42.57	-7.78	7.43
锡林郭勒盟	83.86	84.05	83.53	0.19	-0.52
通辽市	43.37	34.00	42.62	-9.37	8.62
赤峰市	51.44	41.01	50.47	-10.43	9.46
乌兰察布市	58.17	59.27	58.91	1.10	-0.36
阿拉善盟	10.60	6.60	10.65	-4.00	4.05
包头市	66.35	64.85	65.19	-1.50	0.34
巴彦淖尔市	52.64	45.78	52.55	-6.86	6.77
呼和浩特市	37.44	37.81	36.41	0.37	-1.40
鄂尔多斯市	60.95	61.51	59.72	0.56	-1.79
乌海市	55.10	50.92	50.47	-4.18	-0.45
总计	46.22	41.07	45.87	-5.15	4.80

从空间分布来看（见图 4-7），内蒙古草地覆盖度呈现由中部向东西两侧降低的趋势，锡林郭勒盟、包头市三个时间点的草地覆盖度均达到 80% 以上，鄂尔多斯市草地覆盖度在 2000 年和 2010 年均达到 60% 以上，2020 年草地覆盖度下降至 40%—60% 区间。值得注意的是，通辽市和兴安盟的草地覆盖度变化趋势与内蒙古草地面积变化态势趋于一致，均保持前 10 年降低、后 10 年增加的趋势，这也可以看出位于研究区东部的通辽市和兴安盟是草地生态系统变化的主要区域。

二、草地利用转移矩阵及面积变化分析

利用 Arcgis 对内蒙古草地利用转移进行进一步分析，把土地利用类

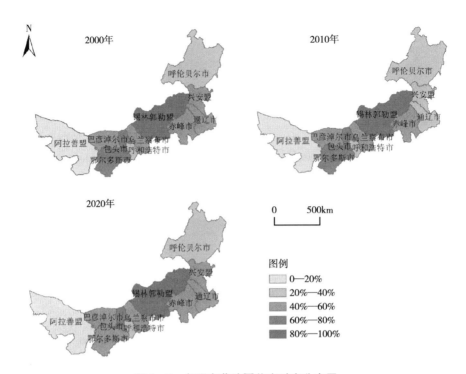

图4-7 各盟市草地覆盖度时空分布图

型重分类为 6 种类型，分别为耕地、林地、草地、水域、建设用地和未利用土地，把同一区域土地利用类型所发生的转变反映到栅格范围中，计算分析得到草地与其他土地利用类型之间的转移情况，2000、2010 和 2020 年全区草地利用转移矩阵如表 4-3 和表 4-4 所示。由草地利用转移矩阵表（见表 4-3）可知，2000 年草地向土地利用类型转出面积最大的是未利用土地，由草地转化为未利用土地的面积为 48062.79km²，占总转移面积的 48.12%。耕地和林地也是重要的转出土地类型，草地向耕地和林地分别转出的面积为 17202.12km² 和 31386.27km²，占总转移面积的比例分别为 17.22% 和 31.42%。2010 年与 2000 年相比，由草地转化为耕地、林地和未利用土地面积大幅减少，但三者转移的面积占总转移面积的比例变化不大，向建设用地转移的面积相较于 2010 年有所增加，增加至 2959.34km²。2020 年草地转化为其他类型用地面积相比前两个时期较少。

表 4 - 3　　　　　　　草地向其他土地利用类型转移矩阵　　　　　　单位：km²

年份	耕地	林地	水域	建设用地	未利用地
2000	17202.12	31386.27	1242.55	1992.78	48062.79
2010	13739.38	13739.38	1128.88	2956.34	16378.25
2020	9464.31	8257.11	948.97	2813.43	8031.39

　　而从转入情况来看（见表 4 - 4），未利用土地、耕地、林地为草地的主要的转入土地类型，2000、2010、2020 年未利用土地均为最重要的导致草地增加的土地类型，尤以 2010 年最为明显，未利用土地转化为草地的面积达 48346.13km²，林地向草地的转移面积达 31517.53km²，未利用土地和林地转移面积占总转移面积的比例达 78.58%。2020 年其他类型土地向草地转入的面积急剧下降，不再出现大面积的转入。

表 4 - 4　　　　　　　其他土地利用类型向草地转移矩阵　　　　　　单位：km²

年份	耕地	林地	水域	建设用地	未利用地
2000	11366.58	11589.56	814.89	807.74	16251.91
2010	18399.20	31517.53	1401.90	1964.04	48346.13
2020	8188.65	7237.09	831.35	643.52	8635.52

　　为了进一步分析内蒙古草地的变化情况，计算转入草地减去转出草地量可以得到一定时期内草地的总变动情况（见表 4 - 5）。2000—2010 年草地的减少主要来自草地向林地和未利用土地的转移，分别转移面积为 19796.71km² 和 31967.88km²；2010—2020 年草地增加也主要来自林地、未利用土地，分别转移面积为 4659.82km² 和 31967.88km²。2000—2020 年草地面积总量减少，减少面积为 3979.08km²，主要是由于草地向耕地、林地和建设用地的增加，尤以建设用地面积转移最多，然而未利用土地向草地转化面积出现增加，也表明更多的未利用土地恢复成为草地，足以证明草地生态系统受到一定程度的重视，进而得到保护和恢复。

表 4 - 5　　　　　　　草地利用转移矩阵总变化表　　　　　　单位：km²

年份	耕地	林地	水域	建设用地	未利用地	总计
2000—2010	-5835.54	-19796.71	-427.66	-1185.04	-31810.88	-59055.83
2010—2020	4659.82	17778.15	273.02	-992.30	31967.88	53686.57
2000—2020	-1275.66	-1020.02	-117.62	-2169.91	604.13	-3979.08

　　利用 ArcGIS 相交工具反映内蒙古草地转移的时空分布可以有效分析不同区域土地转移状况（见图 4−8）。2000—2010 年草地转移区域主要集中于阿拉善盟、通辽市、兴安盟与呼伦贝尔市境内，其中阿拉善盟主要发生草地向未利用土地的转化（草地−未利用土地），阿拉善盟作为内蒙古西部的生态脆弱区，生态承载能力弱，容易受到人类经济活动的影响，相较于内蒙古中东部草地生态丰富区域更容易发生草地转移；通辽市、兴安盟、呼伦贝尔市在此期间出现了大量的草地−耕地、草地−林地、林地−草地的转化，该区域地处大兴安岭地段，拥有丰富的林地资源，东部地区发展主要依靠丰富的林业资源和草地资源，羊绒、牛羊肉、乳制品等产业发展良好，畜牧业的飞速发展使得草地面积的加速减少。2010—2020 年阿拉善盟出现了大量未利用土地向草地的转移（未利用土地−草地），草地面积出现反弹，可见草地生态得到恢复，而与此同时大兴安岭区域却发生大面积林地−草地的转移，林地出现一定程度的退化，这表明部分草地生态系统的恢复是以牺牲林地面积为代价的。总体上看，2000—2020 年研究区土地转移主要集中分布于研究区的南部区域，研究区北部与西部土地转移趋势不明显。

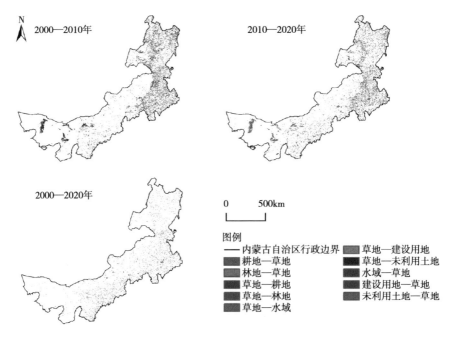

图 4−8　草地利用转移时空分布

综上，内蒙古草地面积在 2000—2020 年 20 年间出现了较为复杂的变化。第一，草地转化为耕地的面积大，两个时间段均有 5000km^2 以上的草地转化成了耕地，但是 2000—2010 年的耕地转化为草地的面积变化较少，导致该时期草地转化面积小于耕地转化面积，这也是前十年草地面积减少的一个重要原因。第二，林地与草地之间的互相转换，2000—2010 年林地转化成草地面积小，但是草地转化成林地面积大，2010—2020 年林地向草地转化面积明显。第三，草地与未利用土地之间的转化，未利用土地包括沙地、戈壁、盐碱地、沼泽地等，2000—2010 年草地转化成未利用土地面积明显多于未利用土地转化成草地面积，这代表草地荒漠化严重，多处草地发生了不同程度的退化；2010—2020 年，草地转化成未利用土地面积与未利用土地转化成草地面积变化相当，这也表明草地退化情况有所好转，维持了草地生态系统的初步平衡，也表明草地生态系统逐渐受到重视，随着全区乃至全国相关保护政策的出台，在防止草地面积减小的同时，也通过人工等技术手段增加草地面积。

第二节　草地生态系统服务评估

一、草地生态系统服务评估模型

（一）CASA 模型

基于光合有效辐射和光能利用的 CASA（Carnegie-Ames-Stanford Approach）模型在全球植被净初级生产力（Net Primary Productivity，NPP）研究领域得到广泛应用。在植被生长发育过程中，光能扮演着重要角色，植被将吸收的光能转换成化学能存储起来，而水分和温度因素也会对植物的生长产生作用。因而 CASA 的优点是充分考虑了环境条件及植物本身特性的双重影响，只需要较少的遥感生物物理输入参数，就可以方便有效地反演陆地植被 NPP，且模型参数可通过遥感或空间分析方法获得（Potter C，et al.，1993；Potter C，et al.，2015），能够实现不同区域、不同时间的 NPP 动态监测，其在国内外很多区域的植被生产力模拟中发挥了很大作用（Imhoff M，2004；温宥越等，2020 等）。本研究基于 CASA 模型主要对植被净生产力、提供牧草产品服务、生态物质循环服务进行计算。

1. 植被净初级生产力（NPP）

植被净初级生产力是指绿色植物在单位时间、单位面积通过光合作用所固定的能量或生产的有机物质数量，基于所得不同年份结果的分布与总量可对研究区内植被分布状况与环境质量变动做出分析与测算。其主要计算方法如下：

$$NPP_{xt} = APAR_{xt} \times \varepsilon_{xt} \tag{4-1}$$

式中，$APAR_{xt}$ 代表像元 x 在 t 月吸收的光合有效辐射（$MJ \times m^{-2}$）；ε_{xt} 代表像元 x 在 t 月的实际光能利用率（$gC \times MJ^{-2}$）。其中：

$$APAR_{xt} = 0.5 \times SOL_{xt} \times FPAR_{xt} \tag{4-2}$$

式中，SOL_{xt} 为像元 x 在 t 月的太阳辐射量，$FPAR_{xt}$ 为有效辐射的吸收量；常数 0.5 为太阳有效辐射占总日照的比率。

$$\varepsilon_{xt} = T_1 \times T_2 \times W_{\varepsilon xt} \times \varepsilon_{max} \tag{4-3}$$

式中，T_1，T_2 为气温对光能利用率胁迫系数；$W_{\varepsilon xt}$ 为水分对光能利用率胁迫系数；ε_{max} 为最大光能利用率。本研究中 ε_{max} 为典型草原取 $0.553 gC \times MJ^{-2}$。

T_1 反映在低温和高温时植物内在的生化作用对光合作用的限制而降低的第一性生产力。

$$T_1 = 0.8 + 0.02 T_{opt(x)} - 0.0005 \left[T_{opt(x)} \right]^2 \tag{4-4}$$

其中：$T_{opt(x)}$ 为区域内一年中 $NDVI$（植被覆盖率）达到最高时月份的平均气温。当某一月平均温度小于或等于 $-10℃$ 时 T_1 取 0。

T_2 表示温度从最适温度（$T_{opt(x)}$）向高温和低温变化时植物的光能转化率逐渐变小的趋势：

$$T_2 = 1.1814 / \left\{ 1 + e^{\left[0.2(T_{opt(x)} - 10 - T(x,t)) \right]} \right\} / \left\{ 1 + e^{\left[0.3(-T_{opt(x)} - 10 + T(x,t)) \right]} \right\} \tag{4-5}$$

当某一月的平均气温比最宜温度高 10℃ 或低 13℃ 时，该月的 T_2 值等于最适宜 T_2 值的一半，本研究草地最适温度为 22℃。

2. 提供牧草产品服务

一般将草地生态系统产品分为两大类分别为畜牧业产品和植物类产品。其中畜牧业产品主要有肉类、奶类及奶制品、毛皮等产品，植物类产品主要包括食用类、药用类、工业类及环境类植物资源。本研究主要计算牧草价值和畜牧业产品价值，主要计算公式为：

$$M_1 = V_1 + V_2 \tag{4-6}$$

其中：M_1 表示草地提供牧草生态产品服务价值，V_1 表示牧草价值，V_2 为畜牧业产品价值。

$$V_1 = \sum (S_i \times Q_i \times P_i) \tag{4-7}$$

其中：S_i 为第 i 类的草地面积，单位为 hm^2，Q_i 为第 i 类单位草地牧草产出比，P_i 为第 i 类单位牧草市场价格，单位为元。

$$V_2 = \sum (H_i \times D_i) \tag{4-8}$$

其中：H_i 为第 i 类畜牧产品的产量，单位为吨（t），D_i 为第 i 类畜牧类产品的单价，单位为元/吨。将其对应求和得到畜牧类产品价值的估价值。

3. 生态物质循环服务

生态物质循环的价值主要取决于生态系统中所有生物体内所保存的营养元素，并将其与环境进行元素的动态交换。其中氮元素与磷元素是参与这类循环的主要元素。本研究将在 NPP 的基础上采用市场法对其营养价值进行量化评估，具体公式为：

$$M_2 = NPP \times (P_N \times Q_N \times R_N + P_P \times Q_P \times R_P) \tag{4-9}$$

式中：M_2 为营养物质循环的价值总量的估计值，其单位是 $m^{-2} a^{-1}$；P_N 与 P_P 分别为草地价值量中 N 与 P 所占百分比。本研究取 0.01715 与 0.0011（内蒙古草地植物叶片 N 和 P 元素化学计量学特征分析）。Q_N 与 Q_P 分别是 N 与 P 折算成肥料的比例，参考《化肥市场周报》分别取 46% 和 20.1%；R_N 与 R_P 分别为 N 肥和 P 肥的市场价格，取 2020 年的市场均价并通过物价指数折算出 2000 年与 2010 年市场均价，单位为元/g。

（二）InVEST 模型

InVEST 模型，即生态系统服务和权衡的综合评估模型，是美国斯坦福大学、大自然保护协会（TNC）与世界自然基金会（WWF）联合开发的，旨在通过模拟不同土地覆被情景下生态服务系统物质量和价值量的变化，为决策者权衡人类活动的效益和影响提供科学依据。InVEST 模型包含许多服务功能模型，一类是支持生态系统服务功能模块，这类服务功能是通过生态系统间接为人类提供福祉，如生境风险、生境质量评估，另一类是最终生态系统服务模块，能够直接为人类提供效益，如碳存储、水源涵养、水质净化、土壤保持等服务功能。InVEST 模型可以实现生态系统服务功能价值定量评估的空间化，因此其最大优点是评估结果的可视化表达。本研究基于 InVEST 模型主要对研究区草地的固碳服务、水土保持服务和涵养水源服务进行评估。

1. 固碳服务

固碳是指增加除大气之外的碳库碳含量的措施，包括物理固碳和生物固碳。本文研究的重点是草地植被固碳。固碳服务计算将二氧化碳的固定量作为核算指标，探究植物固定二氧化碳的能力与总量，进而评估研究区内植被总固碳量与研究期间的碳汇情况。具体计算方法如下：

$$Q_{CO_2} = M_{CO_2}/M_C \times NEP \qquad (4-10)$$

式中：Q_{CO_2} 为固碳总量，单位为 $g \cdot CO_2 \cdot m^2/a$；M_{CO_2}/M_C 为 CO_2 与 C 的分子量之比，即 44/12；NEP 为净生态系统生产力，单位为 $t \cdot C/a$。

其中，净生态系统生产力（NEP）的计算公式为：

$$NEP = NPP - RS \qquad (4-11)$$

式中：RS 为土壤呼吸消耗碳量。RS 的计算参考近年 Band Lamberty 等人所提出的土壤呼吸模型：

$$Ln(RS) = 0.22 + 0.87 \times LnR_A \qquad (4-12)$$

式中：R_A 为土壤呼吸速率，单位为 $kg \cdot C/m^2$。R_A 的计算参考 James W. Raich 等人所研究的土壤呼吸速率模型：

$$R_A = F \times e^{(Q \times Ta)} \times [P/(k+P)] \qquad (4-13)$$

式中：Q 为敏感系数，取 0.05452；T_a 为月平均温度，单位为度；P 为月降水量，单位为 cm；F 和 k 为常数，其中 $F=1.25$，$k=4.259$。

2. 水土保持服务

水土保持是指对自然因素和人为活动造成水土流失所采取的预防和治

理措施。水土保持服务使用土壤保持量进行计量，其评估目的是为探究研究区内土壤与植被的锁水能力，衡量地区间水土流失程度与洪涝灾害频率的重要指标。采用土壤流失方程 USLE 进行估算。计算公式如下：

$$SC = A_p - A_r = R \times K \times L \times S - R \times K \times L \times S \times C \times P \qquad (4-14)$$

式中，SC 表示土壤保持量（$t/hm^2 \cdot a$）；A_p 为潜在土壤侵蚀量（$t/hm^2 \cdot a$）；A_r 为现实土壤侵蚀量（$t/hm^2 \cdot a$）；R 表示降雨侵蚀力指标；K 为土壤侵蚀因子；L 为坡长因子；S 为坡度因子；C 为地表覆盖因子；P 为土壤保持措施因子。式中各参数计算方法如下所示：

降雨侵蚀力（R）的计算运用经过 FAO 修订的 Fournier 指数求得，该方法考虑了区域年降雨量和降水年内分布，具有较好运用范围。

$$\sum_{i=1}^{12} -1.5527 + 0.1792 j_i \qquad (4-15)$$

式中：i 为月份；j_i 为月降雨量。

土壤侵蚀因子（K）采用《SL773-2018 生产建设项目土壤流失量测算导则》中数据估算 K 值。

采用内蒙古 DEM 数据，并基于 Wischmeier 提出的坡长因子估算坡长因子（L）和坡度因子（S）值，$L = (\lambda/22.13)^m$。

$$m = \begin{cases} 0.5 & \tan\theta > 0.05 \\ 0.4 & 0.03 < \tan\theta \le 0.05 \\ 0.3 & 0.01 < \tan\theta \le 0.03 \\ 0.2 & \tan\theta < 0.01 \end{cases} \qquad (4-16)$$

$$\lambda = \begin{cases} \theta < 10, & \lambda = 60 \\ 10 \le \theta < 15, & \lambda = 50 \\ 15 \le \theta < 20, & \lambda = 40 \\ 20 \le \theta < 25, & \lambda = 30 \\ 25 \le \theta < 35, & \lambda = 20 \\ \theta \ge 35, & \lambda = 10 \end{cases} \qquad (4-17)$$

$$S = \begin{cases} 10\sin\theta + 0.03, & \theta < 5 \\ 16.8\sin\theta - 0.5, & 5 \le \theta < 10 \\ 21.9\sin\theta - 0.96, & \theta \ge 10 \end{cases} \qquad (4-18)$$

式中：θ 为坡度值（度）；λ 为坡长值（米）；m 为坡长指数（无量纲）。

地表覆盖因子（C）是根据地面植被不同覆盖状况表现植被对土壤侵蚀影响因素，与土地利用类型以及覆盖度相关。计算公式如下：

$$C = \begin{cases} 1 & f = 0 \\ 0.6508 - 0.3436 \times lgf, & 0 < f \leq 78.3\% \\ 0 & f > 78.3\% \end{cases} \quad (4-19)$$

式中：f 为植被覆盖度。

土壤保持因子（P），林草地、农田、水体和裸地的 P 值分别取 1、0.3、0 和 1。

3. 涵养水源服务

完整的草地系统相比空旷的裸地对于降水有更强的截留功能，对调控径流与水资源的储存有重要的作用和意义，水源涵养服务价值主要算法如下：

$$M_3 = P \times Q \times R \times C \times S \quad (4-20)$$

其中，M_3 是涵养水源的总价值量，单位是 $m^{-2} \cdot a^{-1}$；P 为年降雨量，单位为 m；Q 是产流降水量与总流量的比值，因内蒙古全区处于淮河以北，故取 0.4；R 为减少径流效益系数为 0.24；C 为库容成本，本研究取 0.67元；S 为草地面积。

二、草地生态系统服务计量与结果分析

（一）植被净生产力（NPP）

通过获取国家地球系统科学数据中心的 TM 图像数据，将不同区位的影像数据导入 ArcGIS 进行裁剪、合成与几何校正，得到研究区域 TM 图像数据，将所得 TM 图像数据导入 ENVI 软件中进行云处理，获得清晰影像数据后通过波段合成，将影像数据中的 band3 与 band2 进行计算合成，获得归一化植被指数（NDVI），利用归一化植被指数结合 CASA 模型计算有效辐射量。2000—2020 年太阳总辐射量分别为 46946.92MJ/m²、46825.19MJ/m² 和47185.02MJ/m²（见图 4 - 9），总体数值上无较大波动，太阳能供给整体表

现稳定，保持在 46000MJ/m² 以上。2000、2010、2020 年内蒙古自治区草地植被覆盖率均值分别为 49%、44% 和 45%，标准差分别为 0.26、0.28、0.28。

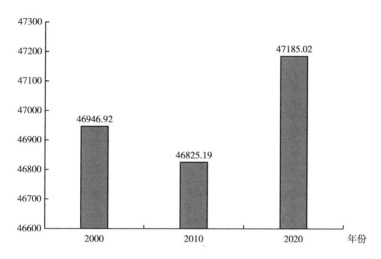

图 4 - 9　2000、2010、2020 年研究区太阳总辐射量

基于以上数据计算得到 2000、2010 和 2020 年 NPP 值分别为 261.9gC·m²·a⁻¹、290.02gC·m²·a⁻¹ 和 219.18gC·m²·a⁻¹。全区植被净生产力在 2000—2010 年间呈现上升趋势，2010—2020 年间却出现大幅度下降，主要原因是植被覆盖率的大幅下降导致 NPP 值也随之大幅下降。研究区内草地植被 NPP 空间分异明显，整体呈现"东高西低"的空间分布格局（见图 4 - 10）。草地植被 NPP 高值于东部和东北部地区，覆盖盟市有呼伦贝尔市、通辽市、兴安盟等，该区域气候湿润，草地植被长势较好、覆盖度高，固碳能力也较强。西部地区的植被 NPP 处于低值区，覆盖主要盟市为阿拉善盟，中部地区植被 NPP 相较于东部偏低，但明显高于阿拉善地区，主要由于阿拉善地区内蒙古最西端，该区域气候干旱、降水量稀少，土地荒漠化、沙化严重，植被覆盖度低，固碳能力较差，不利于植被有机质的积累，草地植被生产力较低。

（二）草地提供生态产品价值

基于中科院数据平台获取内蒙古自治区土地利用数据，通过提取分析、裁剪与合成获取内蒙古草地分布数据，进行草地类型重分类计算，得到不同

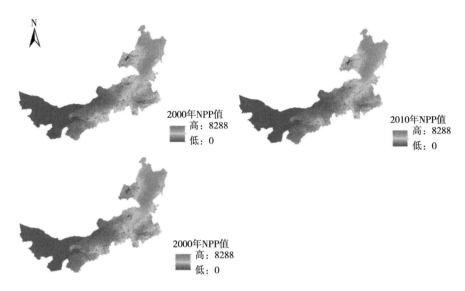

图 4 - 10　2000、2010、2020 年 NPP 空间分布图

类型草地在内蒙古自治区所占的比例，并计算各类型草地面积。本研究取牧草价格为 600 元/吨，以此计算 2000、2010 和 2020 年草地提供的牧草价值（V_1），结果如表 4 - 6 至表 4 - 8 所示。2000、2010 和 2020 年草地提供牧草价值总量分别为 450.57 亿元、400.38 亿元和 402.70 亿元，其中对提供牧草价值总量贡献最大的是典型草原，贡献率达 40% 以上，主要由于内蒙古以典型草原为主体的草原分布于东部和中部地区，如呼伦贝尔草原、锡林郭勒草原等，这些草原植被是发展畜牧业的良好条件，也是制备构造和生态环境的重要因素。总体上看，2000—2010 年内蒙古牧草价值量呈现下降趋势，共减少 50.19 亿元，2010—2020 年间牧草价值总量又呈现缓慢上升的阶段，但增幅较小。

表 4 - 6　　　　　　　　2000 年内蒙古牧草产品价值

草地类型	可利用草地面积 （10^6hm^2）	单位产量 （t/hm^2）	干草产量 （$10^6 t/a$）	总价值量 （10^6 元/a）
草甸草原	6.19	1.74	10.78	6467.02
典型草原	28.29	1.15	32.53	19518.56
荒漠草原	8.82	2.27	20.01	12006.78
草甸	9.73	1.21	11.78	7065.12
总计	53.03	—	75.10	45057.49

表 4 - 7　　　　　　　　2010 年内蒙古牧草产品价值

草地类型	可利用草地面积 （$10^6 hm^2$）	单位产量 （t/hm^2）	干草产量 （$10^6 t/a$）	总价值量 （10^6元/a）
草甸草原	5.50	1.74	9.58	5746.57
典型草原	25.14	1.15	28.91	17344.11
荒漠草原	7.83	2.27	17.78	10669.18
草甸	8.65	1.21	10.46	6278.04
总计	47.12	—	66.73	40037.89

表 4 - 8　　　　　　　　2020 年内蒙古牧草产品价值

草地类型	可利用草地面积 （$10^6 hm^2$）	单位产量 （t/hm^2）	干草产量 （$10^6 t/a$）	总价值量 （10^6元/a）
草甸草原	5.54	1.74	9.63	5779.89
典型草原	25.28	1.15	29.07	17444.68
荒漠草原	7.88	2.27	17.89	10731.04
草甸	8.70	1.21	10.52	6314.44
总计	47.39	—	67.12	40270.06

2000、2010、2020 年的畜牧类产品（V_2）价值分别为 205.46 亿元、807.67 亿元和 1294.30 亿元。利用公式 4 - 6 计算得到 2000、2010、2020 年草地提供牧草生态产品总价值分别为 656.03 亿元、1208.05 亿元和 1697.00 亿元。2010—2020 年和 2010—2020 年两个周期内，内蒙古畜牧类产品价值均呈现增长的态势，分别增加 602.21 亿元和 486.63 亿元，增长率分别为 319.30% 和 60.25%。2010—2020 年草地提供牧草生态产品总价值共增加 488.95 亿元，主要贡献来自于畜牧类产品价值的增加。由此可见，随着养殖技术的提高、畜牧类品种的优化等，畜牧类产品总产值也以较高的增长速度提升，草地生态系统提供牧草产品服务价值也在持续提升。

（三）营养物质循环价值

2020 年氮肥和磷肥价格分别为 2.1×10^{-3} 元/g 和 2.6×10^{-3} 元/g，根据价格指数还原计算得到 2000 年与 2010 年的氮肥价格分别为 1.64×10^{-3} 元/g 和 2.03×10^{-3} 元/g，磷肥价格分别 1.33×10^{-3} 元/g 和 1.64×10^{-3} 元/g。

利用公式 4 - 9 计算其营养物质循环值（见图 4 - 11），研究区三个时期营养物质循环值分别为 3968.8 亿元、5444.4 亿元和 5269.9 亿元。2000—2010 年呈现上升的趋势，价值总量增加 1475.6 亿元，究其原因为经济发展导致的物质流动速率的增加，进而使营养物质循环值的大幅提升；2010—2020 年间出现小幅度下降，但整体上趋于稳定状态。

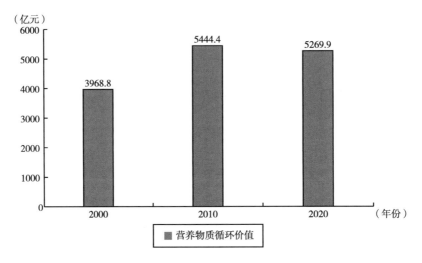

图 4 - 11　2000、2010、2020 年营养物质循环值

（四）固碳价值

本研究基于 InVEST 模型估算 2000、2010、2020 年内蒙古自治区固碳量，分别为 100.13 亿吨、100.31 亿吨和 99.75 亿吨。总体上固碳量呈现了先增加后减少的趋势，但增减幅度相差较小，变化趋势不明显，这与研究区不同时间段的气候变化密切相关。基于 ArcGIS 平台对内蒙古固碳量进行空间分析（见图 4 - 12），可以发现固碳量空间上呈现"东高西低"分布格局，高值区主要集中分布于研究区东部地区，中部地区固碳量分布较为均匀，而西部地区属于低值区。从行政区域来分析，低固碳值主要集中在阿拉善盟，这是因为西部地区干旱少雨，植被稀疏，且存在大量的裸地、沙地，固碳服务量较低；东部大兴安岭地区固碳量高，且主要集中在大兴安岭林区，这是因为该区域植被茂密，光合作用强烈，能够有效吸收大量二氧化碳，进而促进固碳服务。

基于 2020 年的碳排放权平均交易价格，计算研究区 2000、2010 和 2020 年固碳价值量分别为 393.63 亿元、391.08 亿元和 287.56 亿元。2000—2020 年内蒙古固碳服务价值呈现递减趋势，共减少 106.07 亿元。其中：2000—2010 年减幅较小，共减少 2.55 亿元；减少量主要集中于 2010 年至 2020 年内，共减少价值 103.52 亿元。

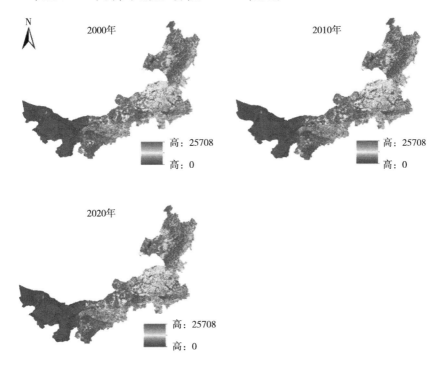

图 4 - 12　2000、2010、2020 年固碳量空间分布图

（五）水土保持价值

2000、2010、2020 年内蒙古水土保持服务价值分别为 396.31 亿元、429.43 亿元、398.67 亿元。2000—2010 年水土保持服务价值呈增加趋势，共增加 33.12 亿元，2010—2020 年水土保持服务减少 30.76 亿元，但相较于 2000 年仍有小幅增加，20 年间总体价值变化幅度较小，维持平稳状态。2000 年内蒙古水土保持最小值为 0，平均值为 3.35 万元/km²，最大值为 23.72 万元/km²；2010 年水土保持服务最小值为 0，平均值为 3.63 万元/km²，最大值为 28.69 万元/km²；2020 年水土保持服务最小值为 0，平均值为

3.37 万元/km²，最大值为 28.42 万元/km²。三个时间点水土保持的单位平均值基本维持不变，保持稳定。

由图 4-13 可知，内蒙古水土保持服务具有空间集聚性，高值区主要集中分布于贺兰山、阴山山脉、燕山北部与大兴安岭南部，这与区域的地形条件相关度较大；水土保持服务增加量主要集中在阿拉善盟、巴彦淖尔和通辽东部，减少量集中在阴山山脉、大兴安岭以及部分东北地区，整体增加的变化幅度大于减少的幅度。

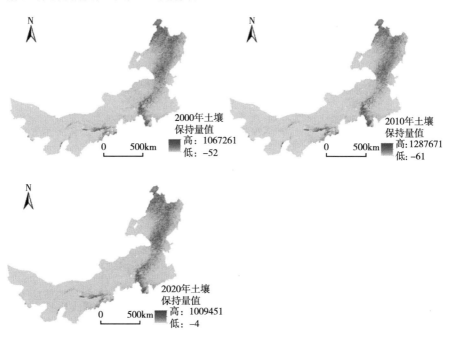

图 4-13　2000、2010、2020 年水土保持价值空间分布图

（六）涵养水源价值

2000、2010、2020 年内蒙古涵养水源服务量分别为 2.39×10^7 mm、4.37×10^7 mm 和 3.13×10^7 mm。2000—2010 年水源涵养总量增加显著，增加量为 1.58×10^7 mm，增加幅度为 66.11%；2010—2020 年研究区水源涵养总量呈现下降趋势，减少量为 1.24×10^7 mm。内蒙古三个时期水源涵养空间分布如图 4-14 所示，2000 年涵养水源服务最小值为 0mm，最大值为 462.074mm；2010 年最小值为 0mm，最大值为 505.492mm；2020 年最小

值为 0mm，最大值为 417mm。水源涵养空间分布呈现较大差异，水源涵养值呈现"东高西低、南高北低"的分布格局，2000—2020 年高值区域出现扩散，呼伦贝尔、通辽、鄂尔多斯等区域水源涵养值均出现增加，位于高值区，高值区在东北大兴安岭东侧继续延伸，南部区域也出现了局部扩散，西部水源涵养值变化不显著。

利用公式 4－20 计算涵养水源功能价值（见表 4－9），内蒙古涵养水源总价值量从 2000 年的 1482.89 亿元稳步提升到 2010 年的 1627.96 亿元，共增加 145.07 亿元；2010 年至 2020 年总价值量增幅较小，未出现较大波动，仍保持在较高水平。

表 4－9　　　　　　2000、2010 和 2020 年涵养水源功能总价值

年份	年降水（m）	比值系数	减少径流效益系数	库容成本（元）	草地面积（km²）	涵养水源功能总价值（亿元）
2000	4.043	0.4	0.24	0.67	57020.6	1482.89
2010	4.995	0.4	0.24	0.67	506678.9	1627.96
2020	4.950	0.4	0.24	0.67	509636.4	1622.71

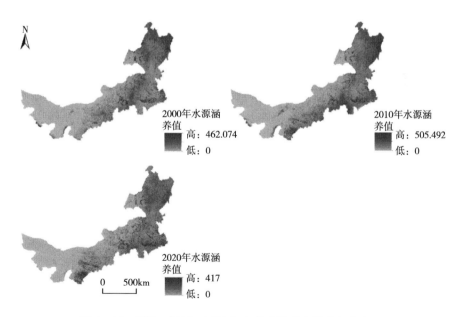

图 4－14　2000、2010、2020 年内蒙古涵养水源空间分布图

三、草地生态系统服务价值时空异质性

（一）时间序列变化分析

基于上述生态系统服务价值计算结果，汇总内蒙古自治区 2000、2010、2020 年涵养水源、水土保持、固碳量、营养物质循环、提供生态产品以及草地生态系统服务总价值，如图 4－15 所示。

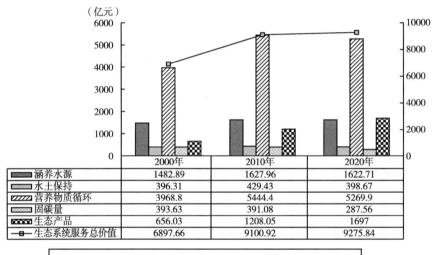

（亿元）

	2000年	2010年	2020年
▓ 涵养水源	1482.89	1627.96	1622.71
◣ 水土保持	396.31	429.43	398.67
▨ 营养物质循环	3968.8	5444.1	5269.9
▢ 固碳量	393.63	391.08	287.56
▧ 生态产品	656.03	1208.05	1697
□— 生态系统服务总价值	6897.66	9100.92	9275.84

▓ 涵养水源　　◣ 水土保持　　▨ 营养物质循环
▢ 固碳量　　▧ 生态产品　　□— 生态系统服务总价值

图 4－15　2000、2010、2020 年内蒙古各生态系统服务价值

2000 年、2010 年和 2020 年草地生态系统服务总价值分别为 6897.66 亿元、9100.92 亿元和 9257.84 亿元。2010—2010 年间草地生态系统服务总价值增加幅度较大，共增加 2203.26 亿元；2010—2020 年间总价值共增加 174.92 亿元，增加速度较上一周期放缓，增加趋势不明显；总体来看，20 年间草地生态系统服务总价值有很大的提升，主要原因是在此期间营养物质循环服务和草地提供生态产品服务的价值大幅增加。三个不同时间点对草地生态系统服务总价值贡献最大的均为营养物质循环价值（见图 4－16），2000 年、2010 年和 2020 年贡献比例均超过 50%，分别为 57.54%、59.82%

和 56.81%，其次对草地生态系统服务总价值贡献较大的为涵养水源价值
和草地提供生态产品价值，贡献比例平均达到 15% 以上，水土保持服务和
固碳量服务贡献比率相对较小，贡献比例为 5% 左右。

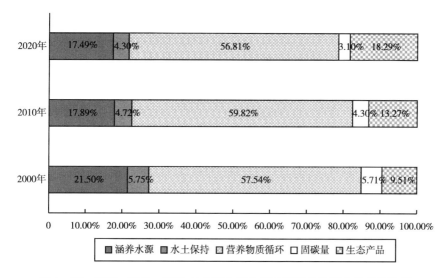

图 4-16　2000、2010、2020 年内蒙古各生态系统服务价值占总价值比例

对比不同类型生态服务价值随时间的变化趋势发现（见表 4-10），
2000—2010 年间除固碳量服务价值有小幅度减少以外，其余生态系统服务
价值均呈现不同程度的增加，其中：涵养水源、水土保持、营养物质循
环、生态产品的价值增加额度分别为 145.07 亿元、33.12 亿元、1475.6 亿
元和 552.02 亿元；涵养水源的主要影响因素是降水量与空间尺度的差异，
不同空间尺度的地表流经系数不一样，内蒙古区域范围较广，本研究取地表
流经系数为 0.24，涵养水源价值的增加主要原因是降水量在此期间增加，在
十壤流经系数不变的情况下，所能截流的水源量也相应地增多，所带来的生
态服务系统价值也在增加；营养物质循环价值主要受氮肥与磷肥的市场价格
影响，其价值形成机制较为复杂，营养物质循环价值 10 年间的价值增长率
为 37.18%，而物价指数的增长率也达到 23%；水土保持主要影响因素为降
雨、植被覆盖度和草地面积，通过分析发现在此期间植被覆盖度和草地面积
均出现减少的趋势，只有降雨量在此期间是增加，因此水土保持价值的增加
主要与降雨量增加密切相关；此期间生态产品服务价值增加值较大，反映在

此期间随着经济快速发展、人类对生态产品的供给服务的需求量日益增加，促使地区依赖丰富的资源优势大力发展畜牧产业，使得草地提供生态产品服务量增加，而纵观 2000—2010 年的草地面积变化情况（见表 4 - 1），发现在此期间草地面积是减少幅度较大，共减少 59006.23km² ，草地提供牧草价值也在减少，因此生态产品服务价值增加的贡献主要来自于畜牧产品（肉类、乳制品等），且畜牧类产品价值保持着较高的增长速度。

表 4 - 10 　　　 2000—2010 年和 2010—2020 年草地生态系统服务变化值

年份	涵养水源	水土保持	营养物质循环	固碳量	生态产品	总价值
2000—2010 年	145.07	33.12	1475.6	- 2.55	552.02	2203.26
2010—2020 年	- 5.25	- 30.76	- 174.5	- 103.52	488.95	174.92

2010—2020 年涵养水源、水土保持、营养物质循环和固碳量的服务价值均呈现递减的趋势，其中涵养水源和水土保持价值减幅较小，分别为 5.25 亿元和 30.76 亿元，营养服务循环和固碳价值减幅较大，尤其固碳量较上一周期减少幅度进一步增加，价值量减少达 103.52 亿元，其主要影响因素与 NPP 的变化和不同时空的草地类型的增减量的变化相关，内蒙古每年的降水量、太阳辐射量和温度相对较为稳定，故每年的土壤呼吸消耗碳量变化不明显，对净生态系统生产力的影响并不显著，固碳量价值减少也反映出此时期碳排放量仍在增加；在此期间只有草地提供的生态产品服务价值在稳步上升，10 年间共增加 488.95 亿元，不难发现地区经济发展仍然对草地资源的依赖程度较高，这与地区长期粗放的经济发展模式密切相关，虽然近 10 年自然生态保护和修复已经受到重视，成效也较为显著，但作为经济发展水平整体较为落后的西部地区，受人力资源、高新技术水平等因素的限制，产业结构优化升级还未完全实现，实现地区经济发展与资源开发利用的完全脱钩、推动经济高质量发展仍需要做出更大的努力。

（二）空间异质性分析

基于对不同服务的冷热点区域进行计算和叠加分析，在空间尺度上识别和划分研究区内不同地理位置的重要程度，并对不同区位的生态重要程度进行分级。因此，本书以通过 ArcGIS 中的 Spatial Autocorrelation（Moran I）计算内蒙古 5 项生态系统服务与 NPP 在 2000—2020 年的全局莫兰指数，以此确定区域内聚类模式表达，并以返回的 z 值与 p 值确定检测显著水平，具体计算方法如下：

$$I = \frac{n}{S} \times \frac{\sum\limits_{i=1}^{n} \sum\limits_{j=1}^{n} wi,j \times z_i \times z_j}{\sum\limits_{i=1}^{n} z_i^2} \qquad (4-21)$$

式中：n 为要素总和；S 为全部空间权重聚合；$w_{i,j}$ 为要素 i 与 j 之间的空间权重；z_i 与 z_j 为要素 i 属性与 j 属性与其平均值的偏差。

基于上述算法，得到内蒙古自治区草地生态价值热点分布图（见图 4-17）。热点区域 p 值由 99% 至 90% 依次递减，冷点区域 p 值由 99% 至 90% 依次递减。2000—2020 年间内蒙古草地热点与冷点区域均趋于收缩态势，全区草地生态价值热点区域由 2000 年的 6 个递减至 2020 年的 3 个，冷点区域由 2000 年的 16 个递减至 2020 年的 11 个，在总量上也均呈现收缩状态。2000 年，热点区域主要分布于研究区的北部与东北部地区，覆盖的盟市有呼伦贝尔、锡林郭勒、赤峰等，2020 年热点分布区域进一步收缩，主要集中于锡林郭勒盟的中西部以及乌兰察布的北部，东北部的呼伦贝尔不在存在显著的热点地区，北部地区热点地区也在持续收缩。2000 年，冷点区域集中分布于内蒙古西部偏南的乌兰察布、呼和浩特等区域，到 2010 年冷点区域逐渐收缩，相较 2000 年分布范围减少显著，但在东部的通辽市出现冷点区域分布；2020 年，冷点区域有扩散的趋势，主要呈现西南部冷点区域的扩张，2010 年消失的冷点区域在 2020 年又重新出现，显著性增强。

综上，从内蒙古自治区冷热点空间异质性在 2000—2020 年间的转移趋势可知，空间异质性的整体变动是趋于下降的趋势，且趋势变动幅度逐渐收敛，但冷热点各自的变动趋势并未呈现完全一致性，热点区域自 2000—2020 年间在整个研究区内均呈现收缩状；2000—2010 年冷点区域分布范围逐渐减少、冷点数总量下降明显，但其分布广度增加，2010—2020 年冷点区域分布范围扩大，部分地区冷点区域分布范围出现扩张。

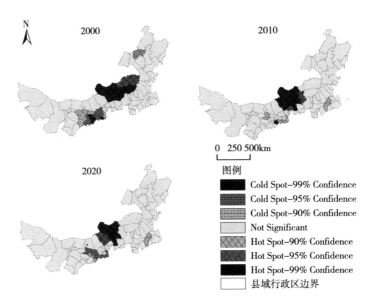

图 4 – 17　内蒙古草地生态价值热点分布图

第三节　草地生态系统服务权衡与协同关系

一、权衡协同关系研究方法

（一）Spearman 相关性分析法

相关性分析是研究两个变量之间相关的方向和相关的密切程度，常用的相关性系数有 Pearson 系数、Spearman 系数和 Kendall 系数。其中，Spearman 秩相关是用双变量等级数据作直线相关分析，又称等级相关。该方法对原始数据的要求较低，只要两个变量的观测值相互成对即可用该系数进行计算，甚至可对由连续变量转化而来的等级数据进行分析，适用范围很广。本文借助 ArcGIS 软件中的创建随机点工具，在研究内创建 20000 个随机采样点，提取每个样点的生态系统服务值并进行生态服务间的相关性分析。K – S 检验结果表明研究区生态系统服务中存在服务数值分布为非线性、非正态，故本书通过 SPSS 平台选取 Spearman 相关性分析对不同服务之间的相关性进行研究，计算方法如下：

$$P_{X,Y} = \frac{cov(X,Y)}{\sigma_X \sigma_Y} = \frac{E((X - \mu_X)(Y - \mu_Y))}{\sigma_X \sigma_Y}$$

$$= \frac{E(XY) - E(X)E(Y)}{\sqrt{E(X^2) - E^2(X)} \sqrt{E(Y^2) - E^2(Y)}} \qquad (4-22)$$

$$r_g = P_{rgX,rgY} = \frac{cov(rgX, rgY)}{\sigma_{rgX} \sigma_{rgY}} \qquad (4-23)$$

式中：$P_{X,Y}$ 为 X 和 Y 的皮尔森相关系数；$COV(X, Y)$ 为协方差，σ_X 和 σ_Y 为标准差，$P_{rgX,rgY}$ 为应用于原始变量秩次的 Spearman 相关系数，其结果介于 -1 到 1 之间。当不同服务之间完全相关时，Spearman 系数为 +1 或 -1；当不同生态系统服务之间呈现显著相关性且为正相关，则相应生态系统服务之间为协同关系，反之为权衡关系，当不同生态系统服务之间不存在显著相关性，则相应生态系统服务之间为兼容关系。

（二）空间自相关分析法

为进一步探究研究区内生态系统服务在空间尺度的权衡协同关系及其演变规律，将生态系统服务赋值于所建立的渔网矢量图上后导入 Geoda 软件中，以双变量局部莫兰指数对 2000—2020 年间生态系统服务进行双变量空间自相关分析，其中高低聚集与低高聚集是两个服务在空间上权衡关系的表达；高高聚集与低低聚集是两个服务在空间上协同关系的表达。

二、生态系统服务权衡与协同关系时空变化

（一）权衡协同时间变化分析

在 ArcGIS 中运用创建随机点工具在内蒙古自治区进行随机采样，总共采样 1000 个点（见图 4-18），随机取点中，内蒙古南部地区取点较多，中部取点较少。取点后获得每个样本点 6 种服务功能大小。分别对 2000、2010 和 2020 年 6 种生态系统服务进行相关性分析，结果如表 4-11 所示。

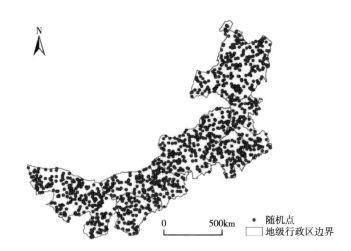

图 4 – 18　内蒙古自治区随机采样点分布

表 4 – 11　　　　　　　　　　　双变量相关性分析

年份	牧草产品与水源涵养	牧草产品与碳固持	牧草产品与NPP	牧草产品与土壤保持	水源涵养与碳固持	水源涵养与NPP	水源涵养与土壤保持	碳固持与NPP	碳固持与土壤保持	NPP与土壤保持
2020	0.195 **	0.207 **	0.350 **	0.040 **	- 0.079 **	0.127 **	0.001	0.572 **	0.169 **	0.218 **
2010	0.268 **	0.197 **	0.278 **	0.062 **	0.053 **	0.274 **	0.139 **	0.677 **	0.295 **	0.374 **
2000	0.107 **	0.071 **	0.153 **	0.004	0.056 **	0.263 **	0.105 **	0.665 **	0.302 **	0.381 **

注: ** 在 0.01 级别（双尾），相关性显著。

由表 4 – 11 可知，除水源涵养与碳固持在 2020 年的 Spearman 相关系数为负，其余不同生态系统服务之间的 Spearman 系数均为正，这代表水源涵养与碳固持在 2020 年为权衡关系，其余生态系统服务之间均为协同关系（均在 0.4 之下）。各生态系统服务之间自 2000—2020 年的变动趋势差异性显著，具体表现如下：牧草产品与水源涵养和土壤保持的权衡协同关系波动较小，在 2000 年至 2010 年协同效应上升并在之后小幅下降；而牧草产品与碳固持和 NPP 的权衡协同关系持续增长，其中牧草产品与碳固持由 0.071 增长至 0.207，与 NPP 由 0.153 增长至 0.350；水源涵养与碳固持、NPP 和土壤保持的协同效应均有所下降，其中水源涵养与碳固持由协同效应转变为权衡效应，与 NPP 的协同效应由 0.263 下降至 0.127，与土壤保持不再具有协同效应；碳固持与 NPP 保持着较高的协同效应，与土壤保持由

0.302 下降至 0.169；NPP 与土壤保持的协同效应由 0.381 下降至 0.218。

整体来看，内蒙古生态系统服务之间多为协同关系，且随着时间的推移部分服务之间协同效应逐步增强，如牧草产品与 NPP、碳固持。同时，生态系统服务之间协同效应也存在减弱甚至消失或转为权衡效应的情况，如水源涵养与碳固持、土壤保持等，各服务之间的权衡协同变动幅度与方向并不相同，为深入了解其变动情况，下文将对其空间尺度的权衡协同情况进行探究。

（二）权衡协同空间变化分析

为进一步探究研究区权衡与协同关系在空间上的表达，对 5 种生态系统服务和 NPP 进行局部双变量空间自相关分析，在显著性为 95% 的检测条件下所得的结果如表 4 - 12 所示。莫兰指数与 Spearman 系数在大部分服务之间的结果并无太大区别，其中水源涵养与碳固持的莫兰指数最高，协同效应的空间体现最强，各服务之间均呈现空间协同效应，但其程度与变动趋势并不一致。其中，牧草产品与水源涵养、碳固持和土壤保持均呈现递增趋势，且变动趋势相似，这代表着牧草产品与 3 种生态系统服务之间有某一固定的驱动机制影响着牧草产品与三种生态系服务同向变动，而水源涵养、碳固持与土壤保持三者之间的空间协同关系较为稳定，并没有太大的波动，20 年间均处于 0.4 ~ 0.5 的变动区间。由此可知，探究牧草产品与其他服务之间的深层关系与驱动机制，是调和社会经济发展与自然生态保护的关键因素，除牧草产品与其他服务之间存在着较强的捆绑效应以外，其他生态系统服务之间并未体现明显的捆绑效应。因此，如何调节供给服务与支持服务之间的关系，理清二者之间的驱动机制是生态 - 经济耦合共生发展的重要保障。

表 4 - 12 　　　　　　　　内蒙古不同生态系统服务莫兰指数

年份	牧草产品与 水源涵养	牧草产品与 碳固持	牧草产品与 土壤保持	水源涵养与 碳固持	水源涵养与 土壤保持	碳固持与 土壤保持
2020	0.272	0.254	0.293	0.443	0.428	0.411
2010	0.244	0.217	0.244	0.449	0.407	0.425
2000	0.114	0.063	0.071	0.449	0.435	0.447

以前文所计算的 2000、2010 和 2020 年的生态系统服务总量为基础，基于我国县域行政区划数据，对不同生态系统服务总量进行区间统计并汇总，将所汇总的面板数据导入 Geoda 软件中，在以 rook 连接的空间权重矩阵下，分别进行局部双变量莫兰指数的分析，选取置信区间在 95%，得到不同生态系统服务的空间聚类情况（见图 4－19），其中高高聚类与低低聚类为空间协同效应，而低高聚类与高低聚类为空间权衡效应，分别代表在该地区两个生态系统服务的权衡协同关系。

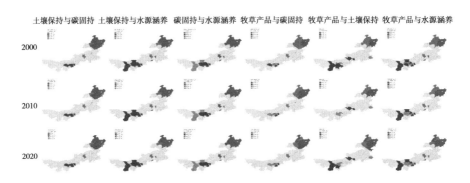

图 4－19　2000、2010、2020 年生态系统服务权衡协同空间分布图

内蒙古生态系统服务的高值区主要分布在东北部呼伦贝尔地区，而低值区则主要分布在西部阿拉善地区。虽然各服务之间在空间尺度上的权衡协同分布差异明显，但整体表现为东北部地区权衡区域与协同区域交错相邻，西部地区为协同区域，协同区域面积大于权衡区域面积，总体上呈现协同效应。不同生态系统服务之间的空间权衡协同分布大体相似，但在分布区域与变动趋势上依旧存在一定的区别，具体表现为：土壤保持、水源涵养与碳固持三种支持服务在 20 年间的空间权衡协同关系较为稳定，无明显变动。而牧草产品与三种支持服务之间的权衡协同效应在空间尺度的变动较为剧烈，其中牧草产品与碳固持的空间权衡协同关系自 2000 年以来在呼伦贝尔地区存在大面积的权衡区域转变为协同区域，而中部与西部地区部分区域则由协同效应转变为权衡效应。牧草产品与土壤保持的关系与前者类似，但在西部地区存在大面积的区域由不显著转变为协同区域，且为低聚集；牧草产品与水源涵养的变动趋势与牧草产品与碳固持类似。

第四节 生态系统服务功能变化驱动机制

生态系统服务功能权衡协同的尺度效应是自然社会环境综合影响的结果，权衡协同关系可能随着不同地理区位内自然和社会背景的不同而发生改变（Matthies B D，et al.，2016）。已有研究成果表明，地形、地貌、气候、水文等自然因素与社会经济发展等人文因素是影响生态系统服务功能的空间分布的主要驱动因素（Bennett E M，et al.，2015）。自然驱动因素中，地形、气候、土壤、水文等作为最基本的参考因素，影响着土地表面物质和能量流动，进而影响着人类对土地的利用方式。如地形因素中，海拔高度和坡向影响着地区温度、光照、气压，坡度决定水土保持及水源涵养；气候因素决定地区的植被生长情况，从而改变其植被覆盖度，影响着区域内的供给服务和调节服务，具体包括水土保持、生物多样性、涵养水源等生态系统服务；河流分布，通过水的渗透、蒸发等作用，改变着草原生态系统服务的空间分布，以一种间接的方式改变着人口、资源的分布，从而影响生态系统服务。内蒙古农畜牧业的发展离不开丰富的自然资源，人类的社会经济活动影响着草地资源利用的状况，进而改变草地生态系统服务的变化，形成内蒙古草地生态系统服务价值的时空演变态势。因此，基于内蒙古自然、社会和经济背景，以选择因子的代表性以及数据的可获得性，本研究选择地形、气候、水文、社会经济发展（人口、城镇化、GDP、交通）等因子探讨生态系统服务功能变化的驱动因素。

一、自然驱动因素

（一）地形

利用 ArcGIS 对内蒙古 DEM 数据进行坡度提取，再对坡度进行重分类划分为四个等级，可以统计出坡度为小于 5°、5°—10°、10°至 15°和大于15°所占内蒙古总面积的比例分别为 80.24%、12.84%、4.75% 和 2.17%

（见图 4-20）。内蒙古中高坡度区域主要分布于兴安岭、燕山山脉，平缓区域分布范围较广。

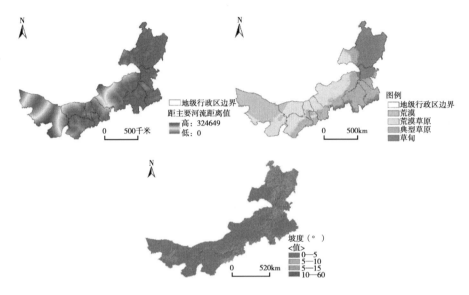

图 4-20 内蒙古坡度、河流、植被分布图

大兴安岭是兴安岭的西部组成部分，具有全国保存最为良好、面积最大的原始森林，全长 1400 多公里，海拔在 1100~1400 米之间。从生态系统服务价值结果可知，大兴安岭地区的涵养水源、水土保持、营养物质循环、碳固持、生物多样性保护服务均明显高于其他区域。一方面，大兴安岭存在着广袤的森林，能够吸收空气中大量的二氧化碳，在制造更多氧气的同时还为生态系统提供更多有机物，促进生态系统的碳固、营养物质循环服务，也可为生物体提供适宜生存的空间，进一步促进了生物多样性保护。另一方面，坡度高的区域对光照的利用存在某种程度差异，这也导致大兴安岭 NPP 值高于其他地区，且坡度影响着水土保持的分布，大兴安岭地区坡度适合植被生长，植被覆盖度高的区域不容易受雨水侵蚀，使其水土保持服务也明显高于其他地区。

通常情况下，低坡度有利于草地生长，均匀地照射阳光，可以为研究区提供大量的牧草产品服务。从内蒙古草地生态系统服务空间分布来看，锡林郭勒、通辽等地低坡度地区所占比例大，当地的生态产品供给服务价值较大，为畜牧业发展提供保障。内蒙古西部地区虽然坡度较低，但是并不能够为内蒙古地区提供大量产品服务，反而坡度较高的内蒙古东部地区如大兴安岭，却能够提供大量的产品服务，其主要原因是西部地区海拔高、降水少，不适宜植物的生存，使得草原生态系统产品服务功能与坡度呈现负相关性，呈现中东部地区高西部地区低的空间格局。综上，坡度作为一个重要影响因子，促进着草原生态系统产品服务的空间分布演变，成为影响研究区草地生态系统服务空间分布的驱动因素。

（二）气候

湿润度可以反映降雨量与气温变化情况，能够较好体现出生态系统服务与其对应的关系。基于年积温与降雨量计算内蒙古自治区湿润度，生成内蒙古植被分布图（图 4-20）。研究区湿润度呈现出东向西递增趋势，相应的植被类型分别为荒漠、荒漠草原、典型草原和草甸。

降雨量通过影响植被覆盖、土壤湿度等方式改变着生态系统服务分布，一般高降雨地区的植被覆盖大于低降雨地区。降雨量主要影响 NPP、碳固持、水土保持等服务，是气候驱动因素中的关键指标。内蒙古 2000、2010、2020 年年降雨量分别为 4043.24mm、4995.35mm 和 5309.33mm，前10 年增加幅度大，后 10 年基本保持稳定。内蒙古东部地区与西部地区降水量相差较大，对生态系统服务价值有明显的影响，如东部兴安盟等地区的草地生态系统服务总价值明显高于西部地区的阿拉善盟。整体上，全区降雨量在研究期间的变化趋势与生态系统服务总价值量的变动基本一致，草地生态系统服务的空间分布也随降雨量的增加而改变，草地生态系统服务与降雨量呈正相关关系。此外，气候中的温度指标也影响着草地生态系统服务空间分布，在合适的温度范围内，植被能够有利生长，进而促进生态系统服务中的调节服务；温度同时也影响着 NPP 的大小，而 NPP 的大小深刻地影响着供给服务的大小。

（三）水文

水文因素主要与水土保持和生态产品服务密切相关，河流为流域内提供水源，防止土地流失。本研究利用内蒙古距离主要河流分布情况分析生态系统服务与水文因素间的关系（见图 4 - 20）。内蒙古河流主要集中分布于额木讷高勒流域、黄河流域、西拉沐沦河流域、海拉尔河流域、额尔古纳河流域和甘河流域。涵养水源、水土保持服务和河流有着密切联系，河流流域集中分布区水资源丰富，草地涵养水源服务功能值较高，呈现正相关性，距离河流分布较远的地区，涵养水源服务功能值也随之下降。而黄河、西拉沐沦河、甘河等流域分布的草地水土保持值偏低，主要原因为水土保持与坡度、植被覆盖度等因素也密切相关，同时地区降水量增加也会导致土壤侵蚀加强，进而使土壤保持量减少。

二、人文驱动因素

（一）交通

内蒙古自治区面积辽阔，陆地面积大，适合陆运，其主要公路、铁路线路如图 4 - 21 所示。内蒙古铁路、公路都主要集中分布在中部、东北部地区，这些区域是内蒙古经济发展的重要支撑区和主要贡献区。公路、铁路途经区域经济发展速度快，人类足迹多，对自然资源的开发利用程度大，许多线路连接着矿区和牧区。内蒙古自治区作为资源输出型大省，在经济发展的过程中，对自然资源的依赖程度高，大部分铁路的建设有利于资源的输出。

2000—2010 年间经济迅速发展的过程中，内蒙古草地生态系统遭到严重破坏，表现为生态系统服务价值的迅速下降，且对比草原生态系统服务价值分布可以看出，公路和铁路附近区域生态服务价值较低。2010—2020 年，随着国家相关政策的出台和环保意识的增强，交通线路附近的生态系统服务价值下降趋势出现了逆转，在生态系统服务层面得到了一定程度的弥补。此外，内蒙古是全国重要的畜牧业基地，在铁路、公路附近区域也聚集了许多农牧民，过度放牧导致内蒙古草地生态系统供给服务受到重创，从上文数据可知内蒙古草地总价值量从 2000 年的 450.57 亿元迅速下降至 2010 年的 400.38 亿元，而畜牧类产品总产值却从 205.46 亿元急剧增加至 2010 年的 807.67 亿元，不难发现经济迅速发展的同时带来的却是草地总价值的减少、畜牧类总产值大幅度增加。与草地覆盖率数据相对比，草地覆盖率在该时间周期内处于下降趋势，不难发现研究区畜牧业的发展是以草地生态系统破坏为代价的，尤以主要交通沿线地区破坏较为严重。

（二）人口

人口发展在为区域经济提供发展动力的同时，也给自然资源利用和环境保护等带来了挑战和压力。土地过度开垦、耕地过度利用、草原过度放牧、森林滥伐、海洋酷渔滥捕等等的生产行为，已引起水土流失、地力衰退、草原退化、森林覆被率降低、海洋水产资源萎缩，促使物种从生态系统中消减速度大大加快。因此，人口是影响生态系统权衡协同服务的主要驱动因素之一。

2000—2020 年内蒙古人口一直保持稳定增长，2000、2010 和 2020 年常住人口分别为 2372 万人、2472 万人和 2534 万人，2000—2010 年增长 4.22%，2010—2020 年增长 2.51%。人口的增加一定程度上促进了人类对草地生态系统的开发与利用，人口密度相对较高的地区如河套平原、西辽河平原及燕山北部丘陵山地区等，草地生态系统均遭到不同程度的破坏，生态系统服务总价值普遍较低。人口密度对 NPP 和土壤保持服务功能的影响较为显著，呈较强的负相关性，与水源涵养功能呈现弱正相关，与碳储量服务功能相关性不强。

（三）GDP 与城镇化

快速的城镇化进程中所凸显的经济发展、资源环境约束的矛盾越来越明显。国家或地区城市规模的扩大和城市化水平的提高离不开自然生态环境的支撑，但忽视自然生态环境而过度追求 GDP 数量的增加和快速的城镇化，就会破坏自然生态的平衡。

人口和城镇的集中化促进了区域经济的发展，表现出较高的 GDP 分布（见图 4-21）。将 GDP、城镇化与草地生态系统服务功能进行相关性分析，发现内蒙古人口城镇化与供给服务呈高度负相关关系，人口城镇化发展的过程中，牧草供给量出现大幅度降低、畜牧产品（肉类、奶制品等）供给量大幅增加；人口城镇化与调节服务存在高度负相关，这也充分说明人口城镇化进程深刻改变着调节服务。碳固服务与区域内的植被生长有着密切的关系，经济发展的过程中由于草地受到破坏，直接导致了区域内的植被覆盖大幅度降低，使光合作用产生的有机物减少，进而出现固碳服务严重减少的状况。与此同时，相关性数据显示 GDP 对碳储量服务功能和 NPP 的贡献较弱，对提供牧草产品服务功能影响较为显著，可见内蒙古经济增长依托于强大的草地生态系统供给服务；GDP 同时与调节服务也呈现高度的负相关关系，经济发展的过程中使水土保持、涵养水源、固碳等服务均受到高度影响，牧区发展过程中在远离中心城区建造工业园区，以促进当地畜牧业、矿业等产业的发展，会对当地的土壤、植被等造成不可逆转的破坏，使得草地生态系统遭到破坏。

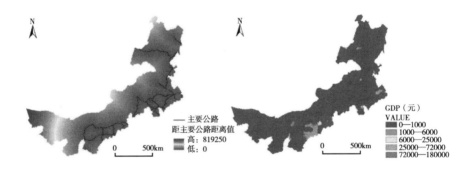

图 4 - 21　内蒙古交通、GDP 分布图

综上，内蒙古草地分布具有"远离城市分布"的特点，表现为草地覆盖与城市距离呈正比的关系。人口密度大及经济发展快速的地区，用一种人为的方式改变着区域内的能量传输与物质供给，使区域草地生态系统存在一定程度的破坏。随着城镇化进程不断加快，区域内草地面积减少也更为严重，结合前文不同时点的草地分布格局不难发现，草地面积的减小区域大多集中于人口密集区或以资源开发为主的地区。然而，随着人类对草地生态的重视程度逐渐增加，内蒙古逐渐开展了退耕还草、京津风沙源治理、草原生态保护奖补、生态移民等工作，草地生态环境得到明显改善，草地生态系统已实现一定程度的恢复，但草地"治理速度"滞后于"退化速度"的被动局面仍未从根本上扭转，因此仍需统筹推进内蒙古草地生态保护和修复工作，实现区域生态、社会、经济的可持续发展。

第五节 本章小结

本章在通过分析内蒙古及各盟市草地利用/覆盖时空变化特征，探究不同土地利用类型在不同时间点的转移与变迁，借助 InVEST 模型和 CASA 模型对内蒙古 2000 年、2010 年和 2020 年净初级生产力（NPP）、提供生态产品、固碳量、涵养水源、水土保持和营养物质循环 6 种生态系统服务物质量和价值量进行评估，并分析其在不同研究周期的时空格局变化。在此基础上本研究对内蒙古生态系统服务间的权衡协同关系及其驱动机制进行进一步的分析和探究，为科学地管理生态系统、促进研究区草地生态环境与经济的协调可持续发展提供数据支撑。本章主要研究结论如下：

（1）内蒙古草地分布空间聚集特征明显、草地面积在研究期内出现先减后增的趋势，转出土地利用类型中占比最大的为未利用土地。2000—2010 年内蒙古草地覆盖度从 46.22% 下降至 41.07%，10 年间草地覆盖度下降 5.15%，2010—2020 年，内蒙古草地覆盖度下降趋势出现逆转，草地覆盖度恢复至 45.87%。草地覆盖度最高的盟市为锡林郭勒盟（83.53%—84.05%），最低的是阿拉善盟（6.6%—10.65%）。空间分布上，内蒙古高原两侧草地分布最为密集，其中锡林郭勒高原、乌兰察布高原、巴彦淖尔高原草地分布较为集中，中高覆盖度草地类型区域大，呼伦贝尔高原东侧、阿拉善高原、鄂尔多斯高原草地分布较为疏散，低覆盖度草地，无草地覆盖区域广。研究期间内蒙古阿拉善高原西部草地分布呈现"退化－修复"的特征，中部区域高覆盖度草地出现逐年递减、低覆盖度草地出现逐年递增规律，东北部地区也出现草地覆盖度、覆盖程度降低的规律。

（2）内蒙古自治区生态系统服务价值的主要由营养物质循环价值、涵养水源服务价值与提供生态产品服务价值组成。2000—2010 年间草地生态系统服务总价值有很大的提升，主要原因是在此期间营养物质循环服务和草地提供生态产品服务的价值大幅增加。2000—2020 年间内蒙古草地热点与冷点区域趋于收缩态势，区域间草地生态价值空间分布异质性显著性降低。热点区域由 2000 年的 6 个递减至 2020 年的 3 个，冷点区域由 2000 年的 16 个递减至 2020 年的 11 个，在总量上均呈现收缩状。热点分布区域由 2000 年的北部地区与东北部地区，收缩至 2020 年的北部地区，东北部地区不在存在显著的热点地区，且北部地区热点地区也在持续收缩。冷点区域分布由 2000 年的西南部地区到 2010 年逐渐收缩，在内蒙古自治区东南部地区也出现了冷点区域，其显著性为 90%，2020 年时西南部冷点区域扩张，且显著性增强，空间异质性相较 2010 年增强。

（3）内蒙古自治区生态系统服务之间多为协同关系，且随着时间的推移部分服务之间协同效应逐步增强。同时，生态系统服务之间协同效应也存在减弱甚至消失或转为权衡效应的情况，如水源涵养与碳固持、土壤保持等，各服务之间的权衡协同变动幅度与方向并不相同。内蒙古生态系统服务的高值区主要分布在东北部呼伦贝尔地区，而低值区则主要分布在西部阿拉善地区。虽然各服务之间在空间尺度上的权衡协同分布差异明显，但整体表现为东北部地区权衡区域与协同区域交错相邻，西部地区为协同区域，协同区域面积大于权衡区域面积，总体上呈现协同效应。

第五章　内蒙古经济系统综合发展
评价实证研究

经济系统综合发展水平评价体系是反映经济系统发展基本状况、监测发展中的主要矛盾和问题、评价发展水平和质量的工具。随着经济社会不断发展进步，人类知识与认知水平逐步提升，所面临的主要矛盾和问题也在发生变化，使得评价体系也处于持续修正和完善中。总体来看，从改革开放初期的单纯经济增长发展观到生态文明建设发展观的转变，经济系统综合评价体系也随着发展理念的转变在不断变化。对于自然资源丰富的牧区，庞杂的生态系统与经济系统共生运行时难免出现失衡状态，融入生态文明理念对经济系统进行探究至关重要。基于此，本章立足五大牧区草地资源丰富但生态系统脆弱的现实特征，围绕经济系统稳定性与协调性两大目标，创新性地融入生态文明理念，通过加入资源约束、人与自然协调两方考量，更加全面而科学地展现牧区经济系统的平衡状况、变化趋势和发展后劲。

第一节　牧区经济系统指标体系构建

一、经济系统综合评价的发展脉络

改革开放初期，我国的经济基础十分薄弱，党和国家的工作重点是以经济建设为中心，发展即经济增长的理念成为核心，GDP成为评价经济社会发展水平评价首要指标。20世纪90年代初，单纯强调经济增长虽然带来了物质财富的快速增长，但社会发展落后于经济增长，地区差距、城乡差距、贫富差距加大，经济的结构性矛盾突出、资源匮乏、环境恶化等一系列问题开始显现，亟须发展观的转变。此时，由挪威首相布伦特兰夫人首次提出的可持续发展观，在 1992 年的联合国 "环境与发展" 国家首脑大会上得到国际社会的强烈反响，恰好助推了我国发展观的演进。1994 年《21 世纪议程》的公布标志着我国可持续发展观的确立，与可持续发展相关的综合评价指标体系的研究也得到政府和学界的重视，产生了大量的研究成果，如牛文元（1993）的可持续发展度（DSD）指标体系，采用资源丰度、经济强度、社会稳定性、环境忍耐性和决策合理性等 5 个指标衡量可持续发展，国家计划委员会（1997）从社会发展、经济发展、资源和环境 4 个方面筛选重点指标，构建可持续发展指标体系；国家统计局（1998）建立了由经济、社会、人口、资源、环境和科教 6 个子系统，共计 83 个指标构成的可持续发展指标体系等。这些研究的共同点就是将社会发展和资源环境方面的部分指标纳入综合评价体系的筛选范畴。

虽然可持续发展理念已受到一定程度的关注和重视，但对资源、环境等问题的重视程度仍显不足。21 世纪初我国经济总量跃居世界前列，但生态环境的保护、合理利用等问题愈加突出，严重制约了我国生态与经济社会的可持续发展。为此，党的十六届三中全会明确提出了以人为本，全面、协调、可持续的科学发展观，强调经济社会发展要实现 "五个统筹" 的任务目标，即统筹城乡发展、区域发展、经济社会全面发展、人与环境和谐发展、国内发展和对外开放。2005 年，中共中央关于 "十一五" 规划的建议提出，要建立符合科学发展观要求的经济社会发展综合评价体系，基于科学发展观的发展评价指标体系的研究随即展开。如：朱庆芳（2005）建立了由 38 个指标构成的经济社会和谐发展指标体系；王文博等（2005）构建了 "人口发展、人民生活质量、经济发展、社会公平与协调、安全与政治进步和生态环境" 6 个维度的 "以人为本" 的社会发展综合评价体系；胡锡广（2009）从社会结构、经济发展、人口状况、生活质量、基础设施、生态环境、科学技术和管理水平 8 个方面构建了地区社会经济综合水平评价体系等。这些研究开始将 "五个统筹" 方面的部分指标纳入综合评价体系的考虑范畴。

随着工业化、城镇化的加速发展，资源环境约束加剧，人与自然关系冲突加深，全国的总体环境形势相当严峻。2006 年，我国化学需氧量排放总量已居世界第一，全国七大水系监测断面中 62% 受到污染，流经城市的河段 90% 受到污染。人民对高质量生态环境的需求日益迫切，成为我国发展中面临的突出问题。党的十七大适时地将"生态文明"写入党代会报告，强调人与自然的和谐相处关系，明确提出要建设生态文明，基本形成节约能源和保护生态环境的产业结构、增长方式、消费模式，使生态文明观念在全社会牢固树立。基于生态文明理念的发展评价指标体系的研究也陆续开展。如：中央编译局（2008）构建了"生态文明建设（城镇）指标体系"，包括资源节约情况、生态安全状况、环境友好情况和制度保障现状四大系统和 29 个具体指标；北京林业大学（2008）构建中国省级生态文明建设评价指标体系，框架包含"总指标－考察领域－具体指标"三层次，以及生态活力、环境质量、社会发展和协调程度四个领域；国家环保部（原国家环保总局）2003 年颁布、2007 年修订的生态县、生态市、生态省建设指标，包括经济发展、环境保护和社会进步三大类，生态县 22 项、生态市 19 项、生态省 16 项建设指标等（陶克菲，2008）。党的十八大报告指出，"面对资源约束趋紧、环境污染严重、生态系统退化的严峻形式，必须梳理尊重自然、顺应自然、保护自然的生态文明理念"，将生态文明建设放在突出地位，融入经济建设、政治建设、文化建设、社会建设各方面和全过程。习近平总书记在党的二十大报告中强调："大自然是人类赖以生存发展的基本条件。尊重自然、顺应自然、保护自然，是全面建设社会主义现代化国家的内在要求，要走出一条经济发展和生态文明水平提高相辅相成、相得益彰的路子。"始终坚持把实现减污降碳协同增效作为促进经济社会发展全面绿色转型的总抓手，充分发挥生态环境保护的引领、优化和倒逼作用，更加突出以生态环境质量改善、二氧化碳达峰倒逼总量减排、源头减排、结构减排，推动产业结构、能源结构、交通运输结构、用地结构调整，扎实推进生态产品价值实现，深化绿色金融改革创新，培育绿色低碳发展新动能。

综上，我国发展观的演进具有比较明显的传承脉络，从单纯经济增长－可持续发展－科学发展－生态文明建设的演进发展，也标志着我国发展观的不断进步。对发展的评价也从只关注经济发展规模和速度指标

（GDP）到经济发展质量（结构）、社会进步指标、自然生态、资源环境生态指标，自然生态与资源环境内容被纳入评价体系的子系统中，评价内容呈现出不断完善的走势。

二、综合评价指标体系建立

以牧区经济发展为研究目标，结合生态文明发展理念与已有相关的研究基础（尹继东，2005 等），构建了牧区经济系统综合发展水平评价体系。该评价体系由三级目标构成：一级目标集包括经济发展、可持续和统筹协调三部分；二级子目标集由速度、结构、效益构成经济发展评价指标子体系，由资源约束、资金投入、社会支撑构成可持续评价指标子体系，由城乡协调、区域协调、经济社会协调、人与自然协调、内外开放协调构成统筹协调评价指标子体系；三级目标集由 40 个具体指标构成，其中经济发展指标 17 个、可持续指标 13 个、统筹协调指标 10 个（见表 5 - 1）。

表 5 - 1　　　　牧区经济系统综合发展水平评价指标体系

一级子系统	二级子系统	具体指标	属性	指标权重
经济发展	速度	GDP 增速（%）	正向	5
		财政总收入增速（%）	正向	4
		城镇居民可支配收入增速（%）	正向	2.5
		农牧民人均纯收入增速（%）	正向	2.5
		固定资产投资增速（%）	正向	2
		社会消费品零售额增速（%）	正向	2
	结构	常住人口城镇化率（%）	正向	4
		非农产业从业人员所占比重（%）	正向	2
		地区生产总值占全国的比重（%）	正向	2.5
		工业增加值占 GDP 比重（%）	正向	2
		高技术产业增加值占 GDP 比重（%）（占规模以上工业营业收入比重）	正向	2.5
		第二、第三产业增加值占 GDP 比重（%）	正向	3
	效益	人均生产总值（万元/人）	正向	4
		人均财政收入（万元/人）	正向	3
		人均储蓄存款余额（万元/人）	正向	1
		农牧民人均纯收入（万元）	正向	1.5
		城镇居民可支配收入（万元）	正向	1.5

续表

一级子系统	二级子系统	具体指标	属性	指标权重
可持续	资源约束	万元 GDP 电力消耗（亿千瓦时/万元）	负向	2
		万元 GDP 煤炭消耗（吨/万元）	负向	2
		万元 GDP 用水量（吨/万元）	负向	2.5
		人均城市建设用地面积（平方米）	负向	2.5
	资金投入	人均 R&D 经费支出（万元）	正向	3
		人均财政支出（万元/人）	正向	2
		人均固定资产投资（万元/人）	正向	2
		人均工业投资总额（万元/人）	正向	2.5
	社会支撑	人口密度（%）	正向	1.5
		人口平均受教育年限（年）	正向	3
		居民每百人拥有的医院床位数（个）	正向	2
		城镇人均道路面积（平方米）	正向	2.5
		城镇人均公园绿地面积（平方米）	正向	2.5
统筹协调	城乡协调	城乡居民人均收入比（乡村＝1）	负向	3
		城乡居民人均消费支出比（乡村＝1）	负向	2
	区域协调	区域人均 GDP 差距（万元）	负向	2
		公路网密度（千米/平方千米）	正向	1.5
	经济社会协调	城镇登记失业率（%）	负向	2.5
		全员劳动生产率（元/人）	正向	4
	人与自然协调	公园绿地面积（平方米）	正向	3
		工业烟（粉）尘排放量（万吨）	负向	2
	内外开放协调	进出口总额占生产总值比例（%）	正向	2
		人均实际利用外资（万美元/人）	正向	3

　　该综合评价指标体系的构建以生态文明建设为理念，融入经济发展与建设，从贫富差距、城乡发展、区域发展、人与自然、经济与社会发展多角度来综合评价省（自治区）域经济是否稳定和协调。如采用国内生产总值增速、财政收入增速、城乡居民收入增速、产业结构、生产效益等方面的评价指标来反映经济发展的变化情况；选择万元 GDP 电力消耗、万元 GDP 煤炭消耗、万元 GDP 用水量等方面的评价指标来反映经济发展可持续性；考虑国民经济的协调发展，采用城乡居民收入之比、城镇登记失业率

等评价指标来反映经济与社会发展过程中的统筹发展情况，进而评价省（自治区）域经济发展的平衡状况。牧区经济系统综合发展水平评价模型表达式如下：

$$A_{ij} = \sum_{i=1}^{n} B_{ij}, \quad B_{ij} = \sum_{i=1}^{n} C_{ij}, \quad C_{ij} = \sum_{i=1}^{n} D_{ij}, \quad D_{ij} = E_{ij} \times \varepsilon_i$$

其中：E_{ij} 为具体指标值；ε_i 为对应指标权重；D_{ij} 为三级指标；C_{ij} 为二级指标；B_{ij} 为一级指标；A_{ij} 为总指标；i 为指标含义（如生产总值增速）；j 为年份。通过综合指数和各个一级指标可分析出各年与上一年相比的经济增长总体情况，以此分析经济发展、可持续和统筹协调的演变情况。

第二节 牧区经济系统综合发展水平测度

本研究为更好地体现内蒙古牧区经济系统综合发展水平，特选择全国五大牧区省份的新疆、西藏、青海、甘肃作为横向对比研究对象。同时，为了保持与草地生态系统研究时间点的一致性，选取 2000 年、2010 年与 2020 年内蒙古、西藏、甘肃、青海、新疆的面板数据，通过查阅各省（自治区）统计年鉴、《中国统计年鉴》《中国环境统计年鉴》、各地区环保部门发布公报及信息获得数据，对于部分缺失值，利用插值法及相邻近年份的数据补齐。

一、综合发展水平评价

利用经济运行情况总得分来反映五大牧区经济系统综合发展水平大小。通过汇总一级和二级子系统得分测算各牧区的经济运行情况总得分，如表 5-2 和图 5-1 所示。总体来看，内蒙古 2000 年、2010 年和 2020 年三个不同时间点的综合指数分别为 110041.82、594256.39 和 514944.25，2000—2010 年内蒙古经济综合发展水平均稳步提高，2010—2020 年略有下降，其他牧区经济运行情况相较于上一周期均有一定程度的发展。从不同时间点比较分析，2000 年新疆经济系统综合发展水平位于五大牧区之首，综合指数为 358350056.20，甘肃紧随其后（301868374.30），随后为青海（29551359.14）与西藏（14086863.24），内蒙古经济发展于五大牧区处于最低水平（110041.82）；2010 年内蒙古牧区出现较为明显的转变，经济系统综合发展水平综合得分达到 594256.39，但距离新疆、青海、甘肃和西藏牧区的发展水平仍有一定差距；2020 年内蒙古牧区综合指数为 514944.25，经济发展水平再次后退至五大牧区末位。

表 5 - 2　2000、2010、2020 年五大牧区经济发展综合指数

年份	内蒙古	西藏	甘肃	青海	新疆
2000	110041.82	14086863.24	301868374.30	29551359.14	355230056.40
2010	594256.39	11939201.59	225420160.90	225419712.60	565121374.20
2020	514944.25	47396914.27	737763734.20	133373955.80	1015865212.00

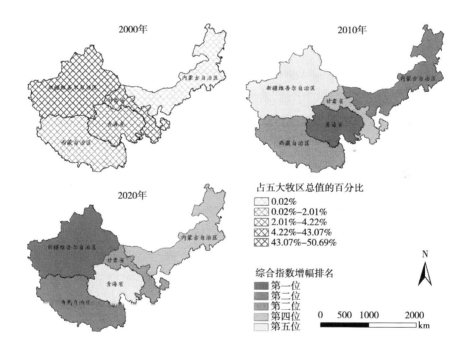

图 5 - 1　五大牧区经济系统综合发展水平

利用经济发展综合指数计算 2000—2010 年和 2010—2020 年两个周期内五大牧区经济运行纵向环比监测综合指数（见表 5 - 3），以此对比分析各牧区经济发展趋势与发展速度。总体来看，各周期内经济发展趋势正向

与负向并存，且个别牧区存在高速增长。2000—2010 年内蒙古的环比监测综合指数达到 440.03%，青海达到 662.81%，其余三个地区均呈现下降趋势；2010—2020 年负向发展的牧区由西藏、甘肃、新疆转变为内蒙古与青海，其中内蒙古增速为 -13.35%，青海为 -40.83%，表明地区经济运行情况还需实现突破，脱离中等收入陷阱，为了达到经济持续稳定提速的目的，需要转变发展模式，在绿色创新和统筹协调发展方面做出更大的贡献。同时，在发展模式上要突破以往的农牧业经济发展模式，在生态文明理念指导下实现经济共生发展。

表 5 - 3　　　　　　　五大牧区经济运行纵向环比监测综合指数

研究周期	内蒙古	西藏	甘肃	青海	新疆
2000—2010 年	440.03%	-15.25%	-25.33%	662.81%	-99.80%
2010—2020 年	-13.35%	296.99%	227.28%	-40.83%	142970.67%

经济系统综合评价体系中的经济发展指数、可持续指数和统筹协调指数是牧区经济运行综合指数贡献的三大子系统，表 5 - 1 指标体系框架中的指标权重（标准值）显示经济发展指数为 45、可持续指数为 30、统筹协调指数为 25。基于此下文利用不同维度的具体指标值对我国五大牧区的经济发展指数、可持续指数和统筹协调指数进行分析，将实际因子指数与标准值的比较结果作为评价依据，高于标准值表明对经济发展综合指数起到了正效应，而低于标准值则反映对经济发展综合指数的贡献为负效应。

二、经济发展指数分析

2000 年、2010 年和 2020 年五大牧区发展指数如表 5 - 4 所示。按照时点分析，2000 年五大牧区经济发展水平从高至低分别是新疆（887.73）、青海（843.67）、西藏（719.76）、内蒙古（710.57）、甘肃（619.20）。2010 年，新疆牧区的经济发展指数排在第一位，为 1129.31，其余依次为内蒙古（1013.20）、甘肃（951.05）、西藏（772.94）、青海（482.81），其中，内蒙古牧区与甘肃牧区的经济发展得到较大程度提升，青海牧区经济发展则呈现倒退趋势。2020 年，内蒙古牧区经济发展为五大牧区之首，

经济发展指数为 1099.13，其次是甘肃（868.56）、西藏（805.93）、新疆
（592.11）、青海（434.90）。总体看来，内蒙古牧区的经济发展指数逐期
提高，并呈现前期高速增长，后期稳步提升的状态；西藏牧区也呈现逐期
提高趋势，不过与内蒙古相比，提升幅度较小；青海牧区的经济发展指数
则逐期下降，但后期下降幅度有所缓解；新疆牧区作为 2000 年五大牧区经
济发展指数第一位，在经历了小幅度提升后，在 2020 年下降至第四位，下
降幅度较大；甘肃牧区虽有波动，但总体呈现稳定状态。

表 5 - 4　　　　2000、2010、2020 年五大牧区经济发展指数

年份	内蒙古	西藏	甘肃	青海	新疆
2000 年	710.57	719.76	619.20	843.67	887.73
2010 年	1013.20	772.94	951.05	482.81	1129.31
2020 年	1099.13	805.93	868.56	434.90	592.11

五大牧区省份（内蒙古、西藏、甘肃、青海、新疆）发展指数趋势如
图 5 - 2 所示。省份经济运行纵向环比监测发展指数基本可分为三种类型：
其一是持续上升型，包含内蒙古与西藏，其中内蒙古上升趋势较为明显，
西藏上升趋势较为和缓；其二是先增后降型，具体包含甘肃与新疆，其中
新疆在 2010—2020 年骤降，下降幅度远超甘肃；其三是持续下降型，仅包
含青海。需要说明的是只有经济发展指数不断增长，才能使经济成果惠及
所有人。

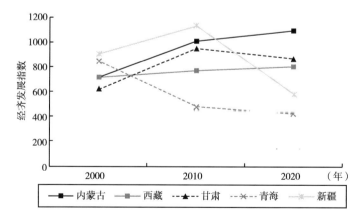

图 5 - 2　五大牧区经济运行纵向环比监测发展指数趋势图

（一）发展速度与贡献度分析

五大牧区省份（内蒙古、西藏、甘肃、青海、新疆）两周期的发展指数总值及环比增长速度情况如表 5-5 所示，可以此来判断发展是处于增速还是减速阶段。从两个发展周期来看，各牧区发展速度总体变化较为明显，内蒙古发展指数年均环比增加值从 302.64 下降至 85.92，经济在持续增长的同时朝稳发展，西藏发展形势与内蒙古较为相似，但在增长趋势与幅度方面小于内蒙古，某种程度上也表明经济系统的其他指数向好，这有利于经济系统整体朝向健康、持续发展。甘肃和新疆发展指数年均环比增加值呈现先增后减的趋势，青海则持续出现下降的情况。

表 5-5 　　　　　　　　五大牧区发展指数年均环比增长值

地区	发展指数增长值		发展指数环比增长速度		类型
	2000—2010 年	2010—2020 年	2000—2010 年	2010—2020 年	
内蒙古	302.64	85.92	42.59	8.48	增速放缓
西藏	53.18	32.99	7.39	4.27	增速放缓
甘肃	331.85	−82.49	53.59	−8.67	先增后减
青海	−360.86	−47.91	−42.77	−9.92	减速放缓
新疆	241.57	−537.19	27.21	−47.57	先增后减

贡献度是经济发展指数与综合指数的比值。但需要注意的是，经济发展指数的贡献度并不是越高越好，经济发展指数与综合指数的比值过高的同时，可持续指数与统筹协调指数的占比必然会较低，可能说明地区发展的可持续性与协调性不足，发展本身存在一定问题。2000 年、2010 年与2020 年五大牧区省份（内蒙古、西藏、甘肃、青海、新疆）发展指数对综合指数的贡献度如表 5-6 所示。总体而言，各个时点各牧区经济发展指数对综合指数的贡献度都较低，最高为 2000 年的内蒙古（0.65%），最低为 2020 年的新疆。具体来看，内蒙古牧区在 2000 年、2010 年和 2020年经济发展指数对综合指数的贡献度依次为 0.65%、0.17%、0.21%，在三个时点上均为贡献度最高的牧区。西藏、甘肃、新疆的贡献度变化均为先增后减，青海牧区则为先减后增，但四个牧区的贡献度整体变化幅度并不大。

表 5 - 6　　　　2000、2010、2020 年五大牧区经济发展指数
对综合指数的贡献度（%）①

年份	2000 年	2010 年	2020 年
内蒙古	0.65	0.17	0.21
西藏	0.00511	0.00647	0.00170
甘肃	0.00021	0.00042	0.00012
青海	0.00285	0.00021	0.00033
新疆	0.00025	0.16	—

（二）发展维度指标分析

发展的二级维度指标包括速度、结构和效益。速度维度选取的衡量指标为 GDP 增速、财政总收入增速、城镇居民可支配收入增速、农牧民人均纯收入增速、固定资产投资增速、社会消费品零售额增速；结构维度选取的衡量指标为常住人口城镇化率，非农产业从业人员所占比重，地区生产总值占全国的比重，工业增加值占 GDP 比重，高技术产业增加值占 GDP 比重，第二、第三产业增加值占 GDP 比重；效益维度选取的衡量指标为人均生产总值、人均财政收入、人均储蓄存款余额、农牧民人均纯收入、城镇居民可支配收入。其中，速度指标、结构指标和效益指标的权重分别为18、16 和 11。将以上指标加权求和后计算 2000 年、2010 年和 2020 年五大牧区发展维度二级指标值如表 5 - 7 所示，五大牧区发展维度二级指标年平均增长率②如表 5 - 8 所示。

表 5 - 7　　　2000、2010、2020 年五大牧区发展维度二级指标值

二级指标	2000 年				
	内蒙古	西藏	甘肃	青海	新疆
速度	145.74	221.29	147.38	223.84	329.75
结构	560.86	494.54	468.76	616.00	553.33
效益	3.97	3.93	3.05	3.83	4.65

①　为保证数据精确性，部分牧区的贡献度值保留至小数点后五位；此外，由于 2020 年新疆牧区经济发展指数对综合指数的贡献度过小，在表中用"—"标注。

②　由于本文研究时间为 2000 年、2010 年和 2020 年三个时间节点，不宜计算环比增长率，所以采用年平均增长率来反映二级指标发展变化特征。

续表

2010 年					
二级指标	内蒙古	西藏	甘肃	青海	新疆
速度	269.45	278.17	331.21	95.23	310.80
结构	719.15	483.05	608.62	373.08	802.87
效益	24.61	11.72	11.21	14.51	15.63

2020 年					
二级指标	内蒙古	西藏	甘肃	青海	新疆
速度	279.90	99.94	139.86	85.87	-2.60
结构	772.76	684.12	701.63	338.74	582.62
效益	46.47	21.88	27.07	10.30	12.09

　　五大牧区的速度指标和结构指标均与效益指标的差距较大。内蒙古发展维度的速度指标、结构指标与效益指标均呈现出持续上升的趋势，且在2020 年位列五大牧区之首，整体经济发展不断向好。2000 年新疆牧区在速度指标与效益指标上的表现均为五大牧区之首，而甘肃则在结构指标与效益指标位列五大牧区末位，该时期经济以粗放式发展模式为主，经济发展较为落后。2010 年五大牧区的效益指标得分整体有较明显提高。除青海省外，其余四大牧区的速度指标与结构指标得分均有所提升，且青海省在速度与结构层面均为五大牧区末位，很可能说明经济仍有较大发展空间，经济结构亟待优化转型升级。内蒙古牧区在该时期整体提升幅度最为显著，表明在此发展过程中取得了良好的经济效益。2020 年除内蒙古外，其余四个牧区的速度指标得分均有所下降，其中新疆牧区降幅最大且产生负值，说明该时期新疆经济发展可能出现一定阻力。该时期内蒙古、西藏与甘肃的结构指标与效益指标得分均上升，牧区整体经济效益向好。

表 5 - 8　　五大牧区发展维度二级指标年平均增长率（%）

2000—2010 年					
二级指标	内蒙古	西藏	甘肃	青海	新疆
速度	84.88	25.70	124.74	-57.46	-5.75
结构	28.22	-2.32	29.84	-39.44	45.10
效益	520.51	198.22	267.29	278.39	235.90

续表

二级指标	2010—2020 年				
	内蒙古	西藏	甘肃	青海	新疆
速度	3.88	-64.07	-57.77	-9.83	-100.84
结构	7.45	41.62	15.28	-9.20	-27.43
效益	88.85	86.64	141.49	-29.03	-22.67

对比五大牧区发展维度二级指标的平均增长率（见表 5-8），2000—2010 年和 2010—2020 年两周期内蒙古各项指标的增长速度较为稳定，表明地区经济结构稳定，需扩大产业规模、深层次调整产业结构。2010—2020 年内蒙古经济发展速度放缓但基本保持稳定，此时期全国经济发展进入新常态，地区实现经济高质量发展意味着要更加重视牧区生态的保护和恢复，而内蒙古长期经济发展主要依赖于地区丰富的资源，因此短时期内实现经济发展与自然资源开发利用的完全脱钩仍较为困难。

2000—2010 年青海的速度指标与结构指标、西藏的结构指标、新疆的速度指标均为负增长，其余各牧区的各项指标均为正增长，说明各牧区经济发展结构平衡，变化幅度小，这也从侧面说明西北牧区的经济发展模式极为相似，经济发展与当地的自然资源禀赋密切相关，大部分以发展畜牧产业为主，经济发展方式较为传统，第一二产业发展较好，总体看来经济结构在缓慢改善；2010—2020 年除内蒙古外，各牧区的速度指标均为负增长，内蒙古、青海、甘肃、西藏、新疆年平均增长分别为 3.88%、-9.83%、-57.77%、-64.07%、-100.84%，年均发展速度的下降反映出了牧区经济发展动力不足。甘肃经济效益指标平均增长速率为 141.49%，经济效益发展水平相对其他牧区较高，西藏、青海、内蒙古和新疆的效益指标年均发展速度较 2000—2010 年有所降低，其中新疆和青海效益指标平均速率均降为负值，经济效益发展水平较低，近年来牧区以绿色生态为理念大力发展旅游业，而 2020 年全国新冠疫情背景下西藏、青海与内蒙古等牧区的旅游业和服务业等均受到不同程度影响，进而影响着地区的经济发展。

三、可持续指数分析

2000 年、2010 年与 2020 年我国五大牧区省份（内蒙古、西藏、甘肃、青海、新疆）纵向可持续指数如表 5 - 9 所示。总体来看，五大牧区省份的可持续指数大部分呈现逐期下降趋势，仅有甘肃牧区在 2020 年提升至 1009.58，但也未能超越 2000 年的 3299.63。一定程度上说明五大牧区省份发展后劲严重不足，而西部大开发的提出和实施更体现国家对西部经济发展落后省份的支持，未来西北牧区经济发展在"一带一路"倡议背景下仍然是国家重点扶持对象，具有重要的经济发展战略地位。具体来看，2000 年五大牧区省份的可持续指数均比较高，从高至低依次为新疆、西藏、甘肃、内蒙古、青海，其中新疆的可持续性远超其余四个牧区。2010 年五大牧区可持续指数均有下降，且降幅较为明显，其中下降幅度最大的是内蒙古，该时期新疆的可持续性虽较上期有所下降，但在五大牧区中仍处于领先地位。2020 年除甘肃外，其余四大牧区的可持续指数均继续下降，其中新疆与青海降幅较为明显。可持续指数的整体变化趋势可以从侧面体现出牧区五省（自治区）的发展方式、发展结构以及发展后劲，在可持续性较低的情景下，或许说明了社会经济发展存在一定问题。

表 5 - 9　　　　2000、2010、2020 年五大牧区可持续指数

年份	内蒙古	西藏	甘肃	青海	新疆
2000 年	3260.94	6752.64	3299.63	2734.23	8941.43
2010 年	643.63	2000.24	993.15	1019.44	3235.54
2020 年	533.26	1079.22	1009.58	475.75	1973.31

（一）贡献度分析

2000 年、2010 年与 2020 年五大牧区省份（内蒙古、西藏、甘肃、青海、新疆）纵向可持续指数对综合指数的贡献度，如表 5 - 10 所示。牧区五省可持续指数对综合指数的贡献度大部分较低，说明可持续指数对综合指数的贡献较小。整体看来，除新疆外，各省份可持续指数对综合指数的贡献度均呈现出逐年下降趋势。贡献度整体峰值出现在 2000 年的内蒙古（2.9633%），整体低值出现在 2020 年的甘肃（0.0001%），各牧区发展后劲严重不足。2010 年五大牧区的可持续指数对综合指数的贡献度从高到低依次是新疆、内蒙古、西藏、青海、甘肃，其中，青海与甘肃的地区差距较小，新疆则明显高于其余地区，相较于其他牧区具有较强的可持续性。

2020 年五大牧区的可持续指数对综合指数的贡献度从高到低依次是内蒙古、西藏、青海、新疆、甘肃，其中，新疆下降幅度较明显，且与同时期的甘肃和青海差距不大。总体来看，牧区五省可持续指数对综合指数的贡献相对较小，也表明综合发展水平中其他指数对综合指数的贡献较大。

表 5 - 10　　中国五大牧区省份纵向可持续指数对综合指数的贡献度 （%）

年份	2000 年	2010 年	2020 年
内蒙古	2.9633	0.1083	0.1036
西藏	0.0480	0.0168	0.0022
甘肃	0.0011	0.0004	0.0001
青海	0.0093	0.0005	0.0004
新疆	0.0025	0.4557	0.0002

（二）可持续维度指标分析

可持续维度分别由资源约束、资金投入、社会支撑组成，其中资源约束主要包括万元 GDP 电力消耗 （亿千瓦时/万元）、万元 GDP 煤炭消耗（吨/万元）、万元 GDP 用水量 （吨/万元）、人均城市建设用地面积 （平方米）；资金投入主要包括人均 R&D 经费支出 （万元）、人均财政支出 （万元/人）、人均固定资产投资 （万元/人）、人均工业投资总额 （万元/人）；社会支撑包括了人口密度 （人/平方公里）、人口平均受教育年限 （年）、居民每百人拥有的医院床位数 （个）、城镇人均道路面积 （平方米）、城镇人均公园绿地面积 （平方米）。将以上指标加权求和后，计算五大牧区在 2000 年、2010 年和 2020 年可持续维度二级指标发展水平，如表 5 - 11 所示。

表 5 - 11　　　2000、2010、2020 年五大牧区可持续维度二级指标值

2000 年					
二级指标	内蒙古	西藏	甘肃	青海	新疆
资源约束	3171.95	6650.89	3157.19	2591.99	8802.90
资金投入	0.67	6.20	0.86	76.46	48.85
社会支撑	88.32	95.55	141.58	65.77	89.67

续表

2010 年					
二级指标	内蒙古	西藏	甘肃	青海	新疆
资源约束	510.27	1902.81	818.28	818.28	2596.17
资金投入	1.08	19.48	3.84	30.13	372.75
社会支撑	132.29	77.95	171.03	171.03	266.61

2020 年					
二级指标	内蒙古	西藏	甘肃	青海	新疆
资源约束	321.27	880.61	880.61	297.40	1115.73
资金投入	37.11	86.86	17.21	73.64	721.41
社会支撑	174.88	111.76	111.76	104.70	136.17

通过分析五大牧区可持续维度二级指标值（见表5-12）可发现，五大牧区可持续发展维度二级指标有较明显的不稳定趋势，资源约束二级指标总体呈现下降趋势，且在2000—2010年降幅较大，而资金投入二级指标总体呈现增加趋势，与此同时，社会支撑二级指标增减不定，且幅度较小。在2000年，五大牧区的资源约束均值为4847.98，资金投入均值为26.61，社会支撑均值为96.18。内蒙古牧区的资源约束二级指标为3171.95，资金投入二级指标为0.67，社会支撑二级指标为88.32，均未超过五大牧区对应指标均值。其中在资源约束与资金投入两个指标上差距较大，一定程度上说明资源约束与资金投入对经济可持续指数贡献负效应尤为明显；与此同时，新疆在资源约束与资金投入两方面得分较高，甘肃则在社会支撑层面取得一定成绩。2010年，五大牧区的资源约束均值为1329.16，资金投入均值为85.46，社会支撑均值为163.78。内蒙古资源约束二级指标为510.27，与2000年相比大幅下降，且相较于同时期其他四个牧区资源约束程度较低，与此同时，内蒙古资金投入与社会支撑得分虽增幅不大但也有所上升，说明内蒙古经济发展对资源的依赖性逐步降低。新疆与西藏在资源约束二级指标上得分较高，同时新疆资金投入与社会支撑得分在同时期远超其他四大牧区，说明新疆资金投入力度强，大量资金投入持续时间长，但总体仍在走资源依赖型经济发展模式。2020年，五大牧区的资源约束均值为699.12，资金投入均值为187.25，社会支撑均值为127.85。内蒙古资源约束得分为321.27，位列五大牧区第四位，资源约束

对地区发展的负效应有所下降；资金投入得分为 37.11，与同时期五大牧区的资金投入均值仍有较大差距，未来应继续加大政府、社会资金对经济社会可持续发展的支持力度；社会支撑得分为 174.88，略高于同时期五大牧区的社会支撑均值，且位列五大牧区第一位，说明在社会发展、居民福祉等层面的可持续发展较好。

表 5 - 12　　　　　可持续维度二级指标年均发展速率

2000—2010 年				
二级指标	内蒙古	西藏	甘肃	青海	新疆
资源约束	-83.91	-71.39	-74.08	-68.43	-70.51
资金投入	62.18	214.17	345.61	-60.59	662.99
社会支撑	49.79	-18.41	20.80	160.02	197.33
2010—2020 年				
二级指标	内蒙古	西藏	甘肃	青海	新疆
资源约束	-37.04	-53.72	7.62	-63.66	-57.02
资金投入	3329.33	345.90	348.17	144.40	93.54
社会支撑	32.20	43.36	-34.66	-38.78	-48.93

　　总体来看，五大牧区在不同时间点经济可持续发展最显著影响因素是资源约束，这也是西北地区经济发展面临的共性问题。西北五大牧区省（自治区）处于我国内陆高海拔地区，经济发展过程中对自然资源的依赖程度较高，第一产业和第二产业所占比重较高，交通、人力资源、高新技术等重要社会经济发展因素匮乏，导致地区经济发展可持续不足。而内蒙古在五大牧区中资源约束效应尤为突出，内蒙古相较于其他省份人口较多、产业类型多样，对资源的利用程度也较高，而传统对资源高度依赖和产业结构单一的发展方式与当前经济发展环境已不相适应，生态文明建设背景下内蒙古经济发展要确保实现生态安全、资源节约、农牧业增效和农牧民增收，因此未来内蒙古重点应探寻如何在多重约束条件下实现经济高质量发展的有效途径，进一步加快产业转型升级的步伐，提高资源利用率，坚持创新驱动发展战略，寻找新的可再生替代资源，突破地区资源约束的困境。

　　对比五大牧区可持续维度二级指标的平均增长率（见表 5 - 12），2000—2010 年五大牧区省（自治区）资源约束平均发展速率均为负值，受限最多的地区依次为内蒙古（-83.91%）、甘肃（-74.08%）、西藏（-71.39%）、新疆（-70.51%）、青海（-68.43%），说明受资源约束的影响，西北部地区在资源利用层面没有达到高度一致，即部分省份存在资源利用水平较低、以高消耗能源为代价促进 GDP 发展。随着改革开放的西进，同时期各大省份资金收入保持正向增长，内蒙古、青海、西藏增加显著，牧区人民消费水平进一步得到提高，从而促进资本收入率增加。值得注意的是，同时期青海、新疆牧区社会支撑增加显著，年均增长率高达160.02% 与 197.33%，这是因为青海、新疆工业基础薄弱但后劲大，2000年开始地区基础工业得到开发，资源业、制造业开始发展。其他省份牧区也保持相对较快的发展速度，但需要注意的是，西藏牧区的社会支撑情况相对不太乐观。

2010—2020 年资源约束的总体情况发生改变，西藏、青海和新疆的资源约束程度逐年下降且降幅巨大，年均资源约束发展速率显著下降，可能是因为这些牧区工业基础薄弱且地区人口不多，加上环境保护政策的施行使资源消耗更加缓慢，GDP 发展不再严重受资源开发的制约，而甘肃的资源约束发展速率有所上升，GDP 发展对资源开发依赖性较强，逐渐成为资源消耗型省份。进一步分析可以发现各省资金收入年均发展速率保持正向发展，且内蒙古发展速率达到 3329.33%，远高于同时期的其他四大牧区及其本省上时期的 62.18%，这代表内蒙古民生福祉水平发展态势良好，牧民收入水平提高、消费能力增强，形成了收入增加——消费增加——经济提升的良性循环。而 2010—2020 年各省社会支撑年均发展速率却并不乐观，除西藏外，其余省份出现不同比例的下降，甘肃甚至由 20.80% 下降至 -34.66%，这说明社会支撑并不是西北部地区的强项，与沿海城市相比西北地区在社会可持续性建设方面基础更加薄弱，未来应继续在已有的经济发展程度上提升社会建设的环境友好性与居民友好性。

四、统筹协调指数分析

2000 年、2010 年与 2020 年中国五大牧区省份（内蒙古、西藏、甘肃、青海、新疆）纵向统筹协调指数如表 5 - 13 所示。统筹协调指数反映出地区城乡协调、区域协调、经济社会协调、人与自然协调和内外开放协调五大方面，对经济发展具有正向影响，统筹指数超过上一期表明有所进步，反之则在退步。总体看来，五大牧区统筹协调指数总值逐期上升，由2000年的700817925增加至2020年的1934905888，2000年新疆与甘肃的统筹协调指数远远领先于其他三大牧区，其中，新疆统筹协调指数占同期五大牧区统筹协调总值的50.67%，甘肃占比则为43.07%，其次为青海（4.22%）、西藏（2.01%）和内蒙古（0.02%）。内蒙古统筹指数仅为106070.31，位于五大牧区末位，说明该时期内蒙古社会—生态—经济统筹发展状况较差，与其他牧区相比提升空间很大。2010年内蒙古（592599.55）、青海（225418210.40）和新疆（705679.50）的统筹协调指数呈现上升趋势，区域发展协调性进一步向好，青海发展势头尤为迅猛，占同期五大牧区统筹协调总值的21.92%。而西藏（11936428.40）与甘肃（225418216.70）相比2000年经济发展协调程度有明显后退，其中甘肃牧区降幅较大，在2010年五大牧区统筹协调总值中仅占21.92%。2020年西藏（47395029.12）、甘肃（737761856.00）、新疆（1015862646.00）统筹协调指数较上期有所提升，甘肃提升幅度最为明显，内蒙古（513311.86）相较2010年基本维持不变，经济发展协调程度变化不显著，青海（133373045.20）统筹协调度有所下降，下降后仅占同期五大牧区统筹协调总值的6.89%。总体上，五大牧区在2010—2020年期间区域经济发展统筹协调性较好，特别是十八大以来我国全面贯彻创新、协调、绿色、开放、共享五大发展理念，新发展理念为牧区经济发展提供新的思路、新的方向和发展着力点，地区创新能力、科技发展水平进一步提高，资源约束、环境污染、生态系统退化等问题逐渐受到重视，居民收入差距不断缩小，区域经济统筹协调发展相较于以往均取得新成就。

表 5－13　　　2000、2010、2020 年五大牧区统筹协调指数

年份	内蒙古	西藏	甘肃	青海	新疆
2000 年	106070.31	14079390.83	301864455.50	29547781.24	355220227.20
2010 年	592599.55	11936428.40	225418216.70	225418210.40	565117009.40
2020 年	513311.86	47395029.12	737761856.00	133373045.20	1015862646.00

（一）贡献度分析

从表5-14可以看出，五大牧区省（自治区）统筹协调指数对综合指数的贡献度在三个不同时间点均较高，且牧区五省自身的统筹发展水平也较高。

表5-14　　2000、2010、2020年五大牧区纵向统筹协调指数对综合指数的贡献度（%）

年份	2000年	2010年	2020年
内蒙古	96.39	99.72	99.68
西藏	99.94	99.98	99.99
甘肃	99.99	99.99	99.99
青海	99.99	99.99	99.99
新疆	99.99	99.38	99.99

对于不同时点的五大牧区而言，统筹协调指数对综合指数的贡献度都超过了96%，其中贡献率最高的指标为公园绿地面积。随着西部大开发战略的提出，西北牧区的城市化进程得到了飞速发展，区域及城市经济有了较大提高，在此背景下，国家将更多目光聚焦于生态环境治理等问题上，因此，五大牧区逐渐加强了城市生态环境的治理力度，城市园林绿化也被提升到了一个新的高度，城市绿地率和绿化质量不断得到提升，城市绿地建设工作取得了一定的成绩。对于西藏、甘肃、青海与新疆而言，统筹协调指数的贡献度均高于99%，经过十年发展，内蒙古也将2000年96.39%的贡献率提升至99.72%。总体上看，各大牧区统筹协调指数对综合指数的贡献度在不同时间点有增加和减少的趋势，但由于基准值较高，增减幅度较小，总体在高水平上趋于稳定，也表明地区在西部大开发新格局背景下，经济发展的同时更加注重城乡、区域、人与自然间等的统筹协调发展。

（二）统筹维度指标分析

统筹维度由城乡协调、区域协调、经济社会协调、人与自然协调、内外开放协调指标构成。其中，城乡协调具体指标为城乡居民人均收入比和城乡居民人均消费支出比；区域协调包含的具体指标为区域人均GDP差距和公路网密度；经济社会协调具体指标为城镇登记失业率和全员劳动生产率；人与自然协调包含的指标为公园绿地面积和工业烟（粉）尘排放量；内外开放协调具体指标为进出口总额占生产总值比例和人均实际利用外资。城乡协调、区域协调、经济社会协调、人与自然协调、内外开放协调的指标权重（标准值）分别为5、3.5、6.5、5、5。将以上指标加权求和后计算2000年、2010年、2020年五大牧区的统筹维度二级指标发展水平，如表5-15所示。

表5-15　　　2000、2010、2020年五大牧区统筹维度二级指标值

2000年				
二级指标	内蒙古	西藏	甘肃	青海	新疆
城乡协调	12.87	24.26	17.69	17.24	17.57
区域协调	0.04	-0.65	-0.49	0.02	0.04
经济社会协调	52900.35	37834.25	28410.67	39150.00	135389.50
人与自然协调	53135.12	14041513.71	301836025.00	29508612.76	355084816.80
内外开放协调	21.93	19.27	2.63	1.22	3.32
2010年				
二级指标	内蒙古	西藏	甘肃	青海	新疆
城乡协调	32.68	17.94	17.48	15.69	14.45
区域协调	3.88	-2.64	-2.70	-2.70	-0.79
经济社会协调	561253.75	145209.53	88176.01	88176.01	705616.08
人与自然协调	31295.20	11791200.31	225330019.60	225330019.60	564411379.60
内外开放协调	14.04	3.27	0.03	0.03	0.07
2020年				
二级指标	内蒙古	西藏	甘肃	青海	新疆
城乡协调	10.98	14.02	14.77	4.58	8.15
区域协调	0.72	-3.75	-6.58	-3.53	-3.33
经济社会协调	460045.50	394410.00	256801.00	430803.09	1661243.51
人与自然协调	53242.84	47000606.58	737505029.80	132942223.30	1014201378.00
内外开放协调	11.81	2.27	17.04	17.75	20.36

由表5-15可知，2000年西藏和甘肃的区域协调维度为负值，说明该时期这两大牧区的区域发展差距较大，内蒙古、青海和新疆的区域协调指标虽为正值，但总体水平不高，相比于全国其他地区仍然具有很大的发展空间。就经济社会协调维度而言，新疆（135389.50）与内蒙古（52900.35）表现

较好，分别占同期五大牧区经济社会协调总值的46.10%与18.01%，与此同时，新疆在人与自然协调维度得分较高，位列当期五大牧区之首，但内蒙古相较而言得分较低，仅占同期五大牧区人与自然协调总值的0.01%，说明在2000年新疆自然环境较好，生态还未遭到严重破坏，人类经济社会活动对其影响较小，同时社会经济发展均衡。内蒙古在保持社会经济稳定发展的同时，对人与自然协调发展方面有所忽略。就内外开放协调维度而言，五大牧区得分均偏低，最高为内蒙古（21.93），最低为青海（1.22），说明五大牧区开放程度有待加强，需要加大与外界的经济联系。

2010年内蒙古的城乡协调、区域协调和经济社会协调水平均有所上升，且内蒙古为2010年区域协调为正的唯一牧区，西藏、甘肃、青海和新疆的区域协调均为负值。2010年内蒙古的内外开放协调水平虽为五大牧区第一位，但与2000年相比有所下降，说明内蒙古开放程度较低，10年的发展并没有改变开放程度较低的现状。值得注意的一点是新疆的内外开放协调水平在2020年远超过其他省份，这是因为新疆作为我国"一带一路"重点区域，扮演着我国陆地对外贸易的重要角色，加上对外贸易政策的支持，新疆已经逐渐成为中西部地区的重要对外贸易枢纽。

表 5 – 16　　　　五大牧区统筹维度二级指标年均发展速率

2000—2010 年				
二级指标	内蒙古	西藏	甘肃	青海	新疆
城乡协调	153.93	− 26.07	− 1.14	− 9.02	− 17.75
区域协调	9132.86	303.51	456.00	− 11261.36	− 2307.78
经济社会协调	960.96	283.80	210.36	125.23	421.17
人与自然协调	− 41.10	− 16.03	− 25.35	663.61	58.95
内外开放协调	− 35.95	− 83.01	− 98.79	− 97.65	− 97.99
2010—2020 年				
二级指标	内蒙古	西藏	甘肃	青海	新疆
城乡协调	− 66.39	− 21.83	− 15.54	− 70.83	− 43.56
区域协调	− 81.32	42.10	143.52	30.57	319.22
经济社会协调	− 18.03	171.61	191.24	388.57	135.43
人与自然协调	70.13	298.61	227.30	− 41.00	79.69
内外开放协调	− 15.87	− 30.74	53513.80	62044.77	30344.82166

　　由表 5 - 16 可以看出，2000—2010 年各指标年均发展速率差异较大，大部分牧区的城乡协调、人与自然协调、内外开放协调的发展速率为负值，区域协调与经济社会协调为正值，其中，内蒙古的区域协调与经济社会协调数值远超其他四大牧区，说明该时期内蒙古在促进经济发展的同时，更加注重区域协调性。但到了 2020 年，内蒙古经济社会协调与内外开放协调发展速率均有所下降。甘肃、青海和新疆的经济社会协调与内外开放协调与内蒙古所呈现的趋势相反，两者均出现大幅度升高，特别是新疆的内外开放协调发展速率增幅剧烈，其主要是由于进出口总额占生产总值比例这一指标变化幅度较大。对于西藏而言，人与自然协调发展速率由 2000—2010 年的负值转为 2010—2020 年的正值，说明在后十年的发展中，西藏加大了区域生态与环境保护力度，国土绿化建设成效明显。

第三节　本章小结

　　本章为更好地体现内蒙古牧区经济系统综合发展水平，选择全国五大牧区省份之新疆、西藏、青海和甘肃作为横向对比研究对象。基于五大牧区自然资源丰富但生态系统脆弱的现实特征，围绕经济系统稳定性与协调性两大目标，创新性地融入生态文明理念，通过加入资源约束、人与自然协调双重考量，以经济可持续发展理论为依托，以经济发展评价、后劲评价与统筹评价为评价准则，构建科学且全面的牧区经济评价指标体系，重点探究牧区经济发展过程中各项指标因素对经济影响的"度"与"量"。同时，为了保持与第四章草地生态系统研究时间点的一致性，选取 2000 年、2010 年与 2020 年内蒙古、西藏、甘肃、青海、新疆的面板数据，对牧区经济系统综合发展水平进行测度，从综合发展水平、维度指数、分维度具体指标三个层面展开分析与评价，为下文草地生态与牧区经济耦合共生的实证研究奠定基础。

第六章　草地生态与牧区经济
耦合共生实证研究

　　"绿水青山就是金山银山"，生态环境与社会经济始终存在着密不可分的关系。但"绿水青山"与"金山银山"能否持续地兼容并蓄、协调或失衡的程度几何，还需要通过进一步的实证研究。本章在对生态与经济耦合共生发展理论、经济发展－生态环境－资源容量动态机理考量基础上，构建内蒙古草地生态与牧区经济系统复合评价指标体系，通过对共生系统特征指数簇内各指数的绝对量、相对量、变化方向与程度进行测度，从而探析内蒙古草地生态与牧区经济系统的耦合共生度、相对发展度及其对应的时序与空间变化特征，并通过原因回溯解耦的方式分析研究区草地生态与经济发展系统耦合共生变化的主要驱动因素，为内蒙古草地生态与牧区经济耦合共生的管理模式及政策建议制定提供依据。

第一节　研究方法

一、Lotka－Volterra 共生模型

　　20 世纪 20 年代，A. J. Lotka 和 V. Volterra 共同提出 Lotka－Volterra 共生概念，用于研究生物种群之间关系，该模型主要用于模拟某种生态现象以及两个种群之间的捕食关系。Lotka－Volterra 共生模型最初由 V. Volterra 提出，基于捕食与被捕食两种群的情形，用以解释亚得里亚海中某些鱼群的变化规律，主要是用于研究捕食者与被捕食者间关系的简单模型；A. J. Lotka 基于化学反应研究提出了 Lotka. Volterra 微分方程，对数学生态学的发展产生了重大的改变。后来经过经济学家 Doodwin（1955）、Kaldor

（1957）等的不断修正，用其描述宏观经济的增长波动情况以及刻画规模
经济和范围经济不同层次之间的市场竞争。近年来，学者也逐步将非线性
系统动力学中的经典 Lotka – Volterra 共生模型（简称 LV 模型）引入多个
领域的创新中，如胡军燕等（2014）使用 LV 共生模型探讨研发资源配置
竞争下产学研合作与企业内部研发之间的关系；郭燕子等（2012）采用
LV 模型研究产业技术创新网络知识创造机理；陈瑜等（2012）通过借鉴
LV 模型与生态学理论来模拟研究中国光伏产业创新生态系统的演化路径。
Lokta – Volterra 共生模型逐渐被运用于生态安全测度、生态城镇化等生态领
域的研究中，对现代生态学理论与耦合共生理论的发展产生了深远的影响。

（一）基本原理

Lotka – Volterra 共生模型主要是模拟一些生态现象以及两个或两个以
上种群之间的捕食关系。在现代人类活动空间中，自然生态保护及经济高
质量发展不断被提及，经济系统与生态系统不再是两个独立的系统，两者
相互依存、相互联系、相互抑制、相互共生。草地生态子系统和牧区经济
子系统作为经济系统与生态系统中的一部分，生态与经济的发展均以资源
容量为依托的同时，两个子系统之间也具有资源竞争属性，因此，草地生
态与牧区经济发展的关系符合 Lotka – Volterra 共生模型所描述的系统规律。
鉴于此，为了厘清草地生态与牧区经济子系统之间的耦合共生关系，本书
选择 Lotka – Volterra 共生模型作为主要的研究方法。

基于种群共生理论的 Lotka – Volterra 模型构建草地生态与牧区经济的
耦合共生模型，为草地生态系统与牧区经济系统间的关联性和相似性进行
耦合共生水平测度，以社会经济子系统与自然生态子系统之间共生或竞争
程度的大小来评价生态经济共生状态及水平。首先，计算具有生态经济意
义和统计学意义的生态经济系列指数；其次，基于草地生态子系统与牧区
经济子系统之间的共生原理，确定生态 – 经济状态及生态 – 经济水平判据
准则；最后，对生态 – 经济水平进行研判及指标回溯分析。为了更为清晰
的描述 Lotka – Volterra 模型在生态 – 经济复合系统的运用，基本形式如下：

$$\frac{dN_1(t)}{dt} = r_1 N_1(t) \frac{K_1 - N_1(t) - \alpha N_2(t)}{K_1} \qquad (6-1)$$

$$\frac{dN_2(t)}{dt} = r_2 N_2(t) \frac{K_2 - N_2(t) - \alpha N_1(t)}{K_2} \qquad (6-2)$$

式中，$N_1(t)$、$N_2(t)$ 分别为某区域内物种 S_1、S_2 的个体数量；K_1、K_2 分别是种群 S_1、S_2 的环境容纳量；r_1、r_2 分别为该区域内物种 S_1、S_2 的增长率；α 为该区域内物种 S_2 对 S_1 的竞争强度系数；当 $\alpha=1$ 时，表示每个种群 S_2 对种群 S_1 产生的抑制效应，即其所侵占的环境容量正好等于每个种群 S_1 自身所占据的环境容量；当 $\alpha>1$ 时，表示每个种群 S_2 所侵占的环境容量大于每个种群 S_1 自身所占据的环境容量，当 $\alpha<1$ 时，表示每个种群 S_2 所侵占的环境容量小于每个种群 S_1 自身所占据的环境容量；α 为负数则表示种群 S_2 的增加将扩充种群 S_1 的环境容量；α 为 0 时表示种群 S_2 对 S_1 无影响。β 为该区域内物种 S_1 对 S_2 的竞争强度系数，当 $\beta=1$ 时，表示每个种群 S_1 对种群 S_2 产生的抑制效应，即其所侵占的环境容量正好等于每个种群 S_2 自身所占据的环境容量；当 $\beta>1$ 时，表示每个种群 S_1 所侵占的环境容量大于每个种群 S_2 自身所占据的环境容量；当 $\beta<1$ 时，表示每个种群 S_1 所侵占的环境容量小于每个种群 S_2 自身所占据的环境容量；β 为负数则表示种群 S_1 的增加将扩充种群 S_2 的环境容量；β 为 0 时表示种群 S_1 对 S_2 无影响。t 为时间。

基于前述分析，引入该模型并构造草地生态－牧区经济的复合系统 Lotka－Volterra 耦合共生模型，来揭示其之间不同的共生关系，其具体形式如下：

$$\frac{dE(t)}{dt} = r_E E(t) \frac{C - E(t) - \beta F(t)}{C} \qquad (6-3)$$

$$\frac{dF(t)}{dt} = r_F F(t) \frac{C - F(t) - \alpha E(t)}{C} \qquad (6-4)$$

式中，$E(t)$ 表征草地生态—牧区经济复合系统中生态系统综合发展水平指数，即生态建设位；$F(t)$ 表征草地生态—牧区经济复合系统中经济系统综合发展水平指数，即经济发展位；C 是环境容量指数，表征草地生态—牧区经济复合系统的环境容量，即资源容量生态位；r_E 是生态系统增长率；r_F 是经济系统的增长率；α 是草地生态系统对牧区经济系统的竞争系数，β 则是牧区经济系统对草地生态系统的作用系数；t 为时间变量。

其中：当 $\alpha>0$ 时，草地生态子系统的增长会侵占对牧区经济子系统的环境容量，牧区经济子系统会衰减，即草地生态子系统的发展对牧区经济子系统的发展起阻碍作用；当α<0时，草地生态子系统的增长会增加牧区经济子系统的环境容量，表明草地生态子系统对牧区经济子系统发展有益；当α=0时，表明草地生态子系统对牧区经济子系统无影响。当β>0时，牧区经济子系统的增长会侵占草地生态子系统的环境容量，草地生态子系统会衰减，即牧区经济子系统的发展对草地生态子系统的发展起阻碍作用；当β<0时，牧区经济系统的增长会增加草地生态子系统的环境容量，表明牧区经济子系统对草地生态子系统发展有益；当β=0时，表明牧区经济子系统对草地生态子系统无影响。

环境容量指数 C、社会经济发展水平指数 F 以及自然生态水平指数 E 的计算公式如下：

$$\theta = \sum_{i}^{n} x_i W_i \tag{6-5}$$

式中，θ表示草地生态系统发展水平指数 E、环境容量指数 C、牧区经济系统发展水平指数 F 等基本指数的测度结果；x_i 表示第 i 项指标经过标准化处理后的数值；W_i 为权重。

（二）竞争强度系数测算

为了对基本系数和竞争强度系数α与β的值进行测算。利用灰色理论中灰导数和偶对数的映射关系对上述公式进行离散化处理，其离散化时间变量取年份 k。假定第 k 年附近，其环境容量、竞争强度系数为常数，将上述公式处理如下：

$$F(k+1) - F(k) = \frac{F(k) - F(k-1)}{F(k-1)} \cdot F(k) \frac{C(k) - F(k) - \alpha(k)E(k)}{C(k)} \tag{6-6}$$

$$E(k+1) - E(k) = \frac{E(k) - E(k-1)}{E(k-1)} \cdot E(k) \frac{C(k) - E(k) - \beta(k)F(k)}{C(k)} \tag{6-7}$$

求（6-6）及（6-7）公式可得：

$$\alpha(k) = \frac{\varphi F(k)C(k) - F(k)}{E(k)} \tag{6-8}$$

$$\beta(k) = \frac{\varphi E(k)C(k) - E(k)}{F(k)} \tag{6-9}$$

式中，φF(k)、φE(k)分别为牧区经济系统和草地生态系统的稳定系数，反映子系统达到稳定状态的程度，计算公式为：

$$\varphi_F(k) = 1 - \frac{F(k+1) - F(k)}{F(k)} \cdot \frac{F(k-1)}{F(k) - F(k-1)} = 1 - \frac{r_F(k+1)}{r_F(k)}$$

(6-10)

$$\varphi_E(k) = 1 - \frac{E(k+1) - E(k)}{E(k)} \cdot \frac{E(k-1)}{E(k) - E(k-1)} = 1 - \frac{r_E(k+1)}{r_E(k)}$$

(6-11)

上述公式中：$r_F(k+1)$ 与 $r_E(k+1)$ 分别表示第 k+1 年牧区经济指数和草地生态指数的增长率；$r_F(k)$ 与 $r_E(k)$ 分别表示第 k 年牧区经济指数和草地生态指数的增长率；$\varphi_F(k)$、$\varphi_E(k)$ 为增长率系数分别表示两个子系统增长率的变化率。

（三）共生度指数构造及生态－经济水平判据

根据张智光（2014）等对于共生指数对于子系统的共生关系影响研究，为了进一步认识生态与经济两个子系统之间的相互关系，通过竞争系数α与β的强弱程度判断牧区经济系统与草地生态系统之间受力关系图谱如图6-1所示。

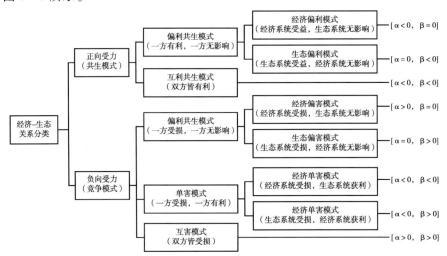

图6-1 牧区经济－草地生态复合系统共生模式与竞争系数的关系图谱

基于牧区经济 – 草地生态复合系统共生模式与竞争系数的关系图谱，利用经济系统受力指数、生态系统受力指数构造出草地生态 – 牧区经济生态复合系统的共生度指数 S（k），作为生态 – 经济复合系统的综合特征指数，以此定量判断草地生态系统与牧区经济系统共生关系的优劣程度，为生态 – 经济水平判定确立依据。其计算公式如下：

$$S_F(k) = -\alpha(k) = -\frac{\varphi_F(k)C(k) - F(k)}{E(k)} \tag{6-12}$$

$$S_E(k) = -\beta(k) = -\frac{\varphi_E(k)C(k) - E(k)}{F(k)} \tag{6-13}$$

$$S(k) = \frac{|S_F(k) + S_E(k)|}{\sqrt{S_F^2(k) + S_E^2(k)}} \leqslant \sqrt{2} \tag{6-14}$$

式中：共生度指数 S（k）具有明确的生态经济意义，反映草地生态子系统与牧区经济子系统的共生关系的优劣程度。根据公式（6 – 13），S（k）的值域为 $[-\sqrt{2}, \sqrt{2}]$，数值越大则共生状态越好，趋于互利共生状态；数值越小则共生状态越差，趋于互害（竞争）状态。

结合生态系统受力指数和共生度指数，依据草地生态 – 牧区经济复合系统生态位共生的内涵与特征，将草地生态 – 牧区经济复合系统生态位共生空间分为 6 个区域，如表 6 – 1 所示。

表 6 – 1　　　　　草地生态 – 牧区经济状态及水平判断标准

序号	生态受力指数	共生度指数	两子系统共生关系	生态 – 经济状态	生态 – 经济水平
1	$S_F \geqslant 0$；$S_E \geqslant 0$	$1 \leqslant S \leqslant \sqrt{2}$	经济 – 生态互利共生	健康	绿色健康
2	$S_F > 0$；$S_E < 0$	$0 < S < 1$	经济获利生态受损	康复	黄色亚健康
3	$S_F > 0$；$S_E < 0$	$-1 < S \leqslant 0$	经济获利生态受损	危险	橙色亚健康
4	$S_F < 0$；$S_E < 0$	$-\sqrt{2} \leqslant S \leqslant -1$	经济 – 生态互相损害	恶化	红色恶化
5	$S_F < 0$；$S_E > 0$	$-1 < S \leqslant 0$	经济受损生态获利	风险	紫色亚健康
6	$S_F < 0$；$S_E > 0$	$0 < S < 1$	经济受损生态获利	敏感	蓝色亚健康

二、DPSIR 模型

（一）指标构建原则

DPSIR 模型是在 PSR 和 DSR 的基础上演化而来的，最先由欧洲环境署

(UNPE) 建立并使用。该模型将评价体系划分为"驱动力（D）、压力（P）、状态（S）、影响（I）、响应（R）"五个子系统。牧区经济水平、生态环境与资源容量之间的复杂动态关系符合压力 - 状态 - 响应关系，为了进一步计算竞争系数 α、β，求取上文所述 F（t）、E（t）、C 等基本指数。其构建指标体系需遵循如下原则：

1. 科学性原则

真实可靠的指标数据是保证研究成果保持科学客观的前提，在建立指标体系的过程中，要融合多学科理论和研究区经济发展及草地生态系统状态的实际情况，科学、客观地选取评价指标。

2. 全面性原则

指标选择应能够全面反映实证研究区域经济、草地生态等各个方面的要素，指标应全面覆盖影响研究区牧区经济和草地生态的主要影响因子，以实现全面且客观地反映牧区经济与草地生态的相互作用关系。

3. 针对性原则

由于研究区地域狭长，不同地区的气候因素、水资源条件、社会经济发展状况等的差异较大，草地生态状态呈现明显的地域特色。在指标选择过程中，要充分了解不同地区自然状况和经济社会发展状况，尽可能选取能够反映地区特点的状态指标，并对重复性及冲突性指标进行筛选，针对性地构建内蒙古自治区草地生态及牧区经济复合系统的评价指标体系。

4. 独立性原则

指标选择过程中应保证各指标能全面且有针对性地反映研究区整体生态状态，而且各指标之间要在彼此联系的基础上保持相互独立，可以为更好地分析草地生态 - 牧区经济水平状态变化的影响机制创造条件，也可为研究区生态 - 经济可持续发展路径提出可行性建议。

5. 可操作性原则

指标体系的构建目的是最终通过可量化的形式反映草地生态与牧区经济的耦合共生关系，因此在满足研究目的的前提下，指标体系构建应尽量简明合理，指标选择应考虑其可获取性与可量化性，对于较为困难的指标选择采用同义指标替换，使得评估指标提携能切实应用到生态系统与经济系统耦合共生关系的评价中，提高其应用的可行性和可操作性。

（二）指标选取及体系构建

为了测算草地生态与牧区经济 L－V 共生模型中的 3 个基本指数，需要建立测评复合系统的经济水平、生态水平和生态环境容量的指标体系。基于草地生态与牧区经济测度问题的特性和要求，借鉴 DPSIR 模型的理论思路，构建草地生态与牧区经济的驱动力－状态－影响－压力－响应结构模型（见图 6－2）。草地生态系统与牧区经济系统间耦合共生水平测度的准则层涉及多个评价指标，主要通过各准则层间的相互作用，判断草地生态子系统与牧区经济子系统的状态和相互作用的因果关系，进而揭示人类经济活动与牧区自然生态之间的相互关系。

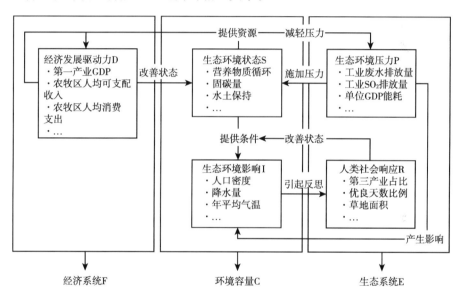

图 6－2　基于 DPSIR 模型的草地生态－牧区经济指标体系框架图

1. 驱动力（Driving force）

驱动力经济发展驱动力，对资源环境有正向增益作用，表明能够改善资源和环境状态的动因所在，主要表现为社会经济的良好发展，是牧区经济子系统发展水平指数 F 测度指标。经济发展水平高能使地区政府将更多的物质资源投入生态环境的保护和改善中，更为重要的是，社会经济的发展带来的产业结构升级能够淘汰掉大部分重污染型产业，大大缓解社会经济发展所带来的压力，并最终影响自然生态水平。驱动力子系统选取的指标有第一产业生产总值、农牧区居民人均可支配收入、农牧区居民人均消费支出、牧区公共预算支出、畜牧产品产量和农牧区社会消费品零售总额。

2. 状态（State）

状态代表资源与环境状态，反映环境容量的现状水平，表明在经济发展驱动力子系统和生态环境压力子系统双重作用下自然资源与生态环境所处的状态，可以用来衡量生态环境容量和生态水平。状态子系统的指标包含有营养物质循环、固碳量、水土保持和涵养水源。

3. 影响（Impact）

影响表示的是自然生态系统受到的影响，反映前述诸多因素下生态环境受到的具体影响程度，反映社会经济发展和环境容量指数变化对自然生态环境的影响，也在一定程度上反映了环境容量水平状况，因此可以作为环境容量水平测度指标。这一影响的具体表现能在一定程度上引起人类对生态环境的反思从而促进人类采取积极措施和行动。影响子系统指标主要选取人口密度、降水量、年平均气温和自然保护区覆盖率。

4. 压力（Pressure）

压力代表的是城镇化压力，资源与环境状态造成胁迫表明能够抑制自然生态环境健康发展的因素，主要表现为社会发展过程中和人类活动过程中对资源环境的索取和对生态环境造成的压力，用于测度草地生态系统发展水平指数 E。社会在工业化过程中不可避免的带来大量工业副产品，如工业废水、废气等，严重损害土壤和空气状态，同时社会经济的发展带来某一地区大量人口的聚集也会对当地的生态环境承载力带来巨大压力，最典型的便是各类汽车尾气的排放、人类生活垃圾的处理难题等，因此压力子系统同样也会影响自然生态水平。压力子系统选取的指标主要有工业废水排放量、单位 GDP 能耗、二氧化硫排放量和城镇化率。

5. 响应（Response）

响应代表的是人类做出的响应，即反映人类为改善生态环境所付出的积极行动，可以提升环境容量水平。响应系统表明面对生态环境所面临的压力，在社会经济发展中如何发挥人类主观能动性去改善自然生态环境，体现人类所采取的各种行动，与压力共同用于测度草地生态系统发展水平指数 E。不同的响应措施能带来不同的程度的实施效果。响应子系统指标主要选取第三产业占比、优良天数比例、工业固体废物综合利用率、草地面积和节能环保财政支出。

三、熵权法

（一）基本原理

熵权法是根据原始指标熵值来决定指标权重的一种客观赋权方法。本研究利用熵权法对所构建草地生态－牧区经济复合系统的指标体系进行赋权，尽可能在赋权过程中排除人工干扰，以此避免主观赋权法带来的权重偏误问题，使指标赋权数值更加科学合理。主要计算步骤有：

（1）构建原始评价指标矩阵，x_{ij} 为第 i 个指标的第 j 年的原始数值：

$$X = \begin{bmatrix} x_{11} & x_{12} & \cdots & x_{1n} \\ x_{21} & x_{22} & \cdots & x_{2n} \\ \vdots & \vdots & \vdots & \vdots \\ x_{m1} & x_{m2} & \cdots & x_{mn} \end{bmatrix} \qquad (6-15)$$

（2）对原始评价矩阵进行标准化以消除量纲影响：

$$正向指标：y_{ij} = \frac{x_{ij} - \min(x_{ij})}{\max(x_{ij}) - \min(x_{ij})},$$

$$逆向指标：y_{ij} = \frac{\max(x_{ij}) - x_{ij}}{\max(x_{ij}) - \min(x_{ij})} \qquad (6-16)$$

$$得标准化矩阵：R = \begin{bmatrix} r_{11} & r_{12} & \cdots & r_{1n} \\ r_{21} & r_{22} & \cdots & r_{2n} \\ \vdots & \vdots & \vdots & \vdots \\ r_{m1} & r_{m2} & & r_{mn} \end{bmatrix} \qquad (6-17)$$

（3）计算各指标熵值：

$$p_{ij} = \frac{y_{ij}}{\sum\limits_{i=1}^{m} y_{ij}} \qquad (6-18)$$

$$e_j = -k \sum\limits_{i=1}^{m} p_{ij} \ln p_{ij} \qquad (6-19)$$

其中：$k = \dfrac{1}{\ln m}$，e_j 为第 j 个指标的熵值；p_{ij} 为第 j 各个指标下第 i 个系统的特征比重；其中若 $p_{ij} = 0$，记 $p_{ij}\ln p_{ij} = 0$。

（4）确认各评价指标权重：

$$w_j = \frac{1 - e_j}{\sum\limits_{j=1}^{n} (1 - e_j)} \qquad (6-20)$$

式中：w_j 为指标权重。

（二）评价指标体系构建及赋权

以 DPSIR 指标体系为基础并参考 Lotka – Volterra 生态位共生模型思想，在此基础上调整且选择经济生态位、资源容量生态位和自然生态位作为生态 – 经济水平测度指标体系三大维度，在分析各维度之间的动态关系的基础上进行指标筛选，以此建立草地生态 – 牧区经济复合系统综合评价指标体系，确定草地生态 – 牧区经济复合系统综合评价指标项及其指标性质，并利用熵权法对所选取指标进行赋权，草地生态 – 牧区经济符合系统综合评价指标体系，如表 6 – 2 所示。

表 6 – 2　　草地生态 – 牧区经济复合系统综合评价指标体系

目标层	准则层	指标层	单位	指标释义	指标性质
经济系统 F	驱动力 D	第一产业生产总值	亿元	经济强度驱动力	正向
		农牧区居民人均可支配收入	元/人	经济可支配驱动力	正向
		农牧区居民人均消费支出	元/人	经济消费驱动力	正向
		牧区公共预算支出	元	公共支出驱动力	正向
		畜牧产品产量	吨	畜牧产品驱动力	正向
		农牧区社会消费品零售总额	万元	社会消费品销售驱动力	正向
环境容量 C	状态 S	营养物质循环	万元	物质循环状态	正向
		固碳量	万元	碳固状态	正向
		水土保持	万元	水土保持状态	正向
		涵养水源	万元	水源涵养状态	正向
	影响 I	人口密度	%	人口承载影响	逆向
		降水量	ml	降雨量影响	正向
		年平均气温	摄氏度	气温影响	正向
		自然保护区覆盖率	%	自然资源保护影响	正向

续表

目标层	准则层	指标层	单位	指标释义	指标性质
生态系统 E	压力 P	工业废水排放量	吨	水环境污染压力	逆向
		单位 GDP 能耗	吨标准煤/万元	能源消耗压力	逆向
		二氧化硫排放量	万吨	空气环境压力	逆向
		城镇化率	%	人口承载压力	逆向
	响应 R	第三产业占比	%	产业结构响应	正向
		优良天数比例	%	空气质量响应	正向
		工业固体废物综合利用率	%	工业响应	正向
		草地面积	hm^2	草地资源响应	正向
		节能环保财政支出	万元	环保响应	正向

第二节　耦合共生评价实证分析

基于内蒙古草地生态－牧区经济复合系统耦合共生模型的理论分析与模型构建，利用耦合共生模型对内蒙古自治区以及各盟市进行实证研究，分析内蒙古全区及 12 个盟市的草地生态－牧区经济指数水平特征及时空演变趋势。为了系统分析内蒙古 2000—2020 年 20 年间草地生态与牧区经济耦合共生情况，选择以 10 年为周期，研究主要选取内蒙古全区及各盟市 2000 年、2010 年、2020 年三个时间节点年份的数据。考虑到数据的可获取性，本研究实证分析特选择以内蒙古全域数据指代内蒙古牧区草地生态和经济发展情况。数据来源于《内蒙古自治区统计年鉴》、内蒙古 12 个盟市的统计年鉴、《中国统计年鉴》、各盟市的国民经济及社会统计公报、环境统计公报、环保及水利部发布的信息等。对于部分缺失数据，利用插值法及相邻近年份的数据补齐。

一、内蒙古全区草地生态－牧区经济复合系统评价

（一）基本指数水平测度与分析

通过对内蒙古自治区 2000 年、2010 年、2020 年整体状况进行实证分

析，得到牧区经济系统发展水平指数（F）、环境容量指数（C）和草地生态系统发展水平指数（E），如表 6－3 所示。观测 3 个时间节点的指数变化情况，2000—2020 年期间内蒙古牧区经济子系统发展水平指数、环境容量指数、草地生态系统发展水平指数总体均呈波动态势。

牧区经济子系统发展水平指数由 2000 年的 1.385 下降至 2010 年的 1.124 再逐渐回升到 2020 年的 1.333。内蒙古作为典型的资源型省区，早期资源型产业的迅速发展带动了牧区经济的发展，但与此同时经济发展加剧了内蒙古生态环境的恶化，从而导致牧区经济的发展水平 2000—2010 年呈现减缓趋势，此时期内蒙古牧区经济压力增长带来的负面效应超过了牧区经济驱动力带来的提升效应。2010—2020 年间牧区经济子系统发展水平又呈现进一步的提升，随着生态文明建设的提出，生态经济的可持续发展理念在牧区经济发展过程中得到体现，此阶段内蒙古牧区经济水平得到了较大地改善，牧区经济驱动动力提升显著，近年来经济总体呈良好发展态势，牧区经济增长强度、农牧民经济消费活力、畜牧产品生产数量等影响因素都得到了长足发展。综合来看，内蒙古牧区经济子系统发展水平指数值 2020 年低于 2000 年，主要是由于受到国际经济下行和国内经济发展环境的影响，但全区整体经济实力仍在逐渐增强，农牧区的财政预算支出更是逐年增长，农牧民人均可支配收入也在不断的增加，经济发展仍有较大潜在空间。

草地环境容量（C）四项指标选择营养物质循环、固碳量、水土保持、涵养水源的评估值，将其作为环境容量指数的测度指标能够更好地体现牧区经济与草地生态之间的耦合共生度。由于自然因素的影响，内蒙古牧区的营养物质循环、固碳量、水土保持、涵养水源值也在 2010 年出现了同水平年度最低。根据 2000—2020 年环境容量指数的变化值，大致表现为与牧区经济子系统的趋同，环境容量指数由 2000 年的 1.734 下降至 2010 年的 1.235 再回升到 2020 年的 1.365，环境容量也呈现一个突变形态，在研究区中出现与头尾两个时间节点的峰值区，但毋庸置疑从现阶段而言牧区环境容量处于过去 20 年时间内最好的时间阶段。

草地生态系统发展水平指数的变化状态与环境容量指数、草地生态系统发展水平指数基本保持一致，说明三者之间是协同关系，即牧区经济系统发展水平指数、环境容量指数、草地生态系统发展水平指数的高低高度相关。草地生态系统发展水平指数值由 2000 年的 1.824 下降至 2010 年的 1.762 回升到 2020 年的 1.966,2010 年内蒙古工业化和城市化进程加快导致生态环境污染增加给地区生态环境带来巨大压力,使得草地生态发展水平指数较低;近年来,在绿色发展理念下,内蒙古对高能耗、高污染企业逐渐实施退出机制,加大投资引入高新技术产业,工业二氧化硫、工业固体废物排放量逐步降低,牧区经济发展逐步与自然资源开发利用脱钩,促使草地生态子系统发展态势向好。

表 6-3   内蒙古牧区基本指数水平测度值

基本指数	牧区经济系统发展水平指数 F	环境容量指数 C	草地生态系统发展水平指数 E
2000	1.3853	1.7337	1.8237
2010	1.1240	1.2347	1.7618
2020	1.3333	1.3648	1.9664

整体而言,牧区经济系统发展水平指数(F)、环境容量指数(C)、草地生态系统发展水平指数(E)呈现迂回上升态势。在面对经济发展和生态保护的双重压力下,内蒙古牧区正逐渐摸索出一条适合自身可持续发展的新途径。

(二) 综合特征指数水平测度与分析

基于 2000 年、2010 年与 2020 年牧区经济发展水平指数 F、草地生态系统发展水平指数 E、环境容量指数 C 的测度结果,利用公式 6-5 至 6-13 测算内蒙古自治区 2000 年、2010 年及 2020 年内蒙古及各盟市的经济受力指数(S_F)、草地生态受力指数(S_E)、共生度指数(S)。通过对各盟市的牧区经济受力指数、草地生态系统受力指数以及共生度指数的计算结果加总后取均值,得到内蒙古全区综合特征指数水平,如图 6-3 所示。

内蒙古综合特征指数水平在三个不同时间点的变化程度较大。2000 年和 2020 年牧区经济受力指数与生态系统受力指数均为正值,一方面草地生态系统受正向作用力,在牧区经济发展过程中,牧区经济子系统对草地生态子系统产生了正向促进作用;另一方面草地生态子系统对牧区经济子系

统也体现了正向的作用力，说明草地生态子系统对牧区经济子系统发展起
到了促进作用。两个时间节点的经济子系统和生态子系统的共生度指数均
大于1，表明此时期内蒙古的牧区经济子系统与草地生态子系统处于互利
共生的协调状态，两系统发展较为协调。而2010年经济子系统受力指数、
生态系统受力指数以及共生指数均为负值，呈现经济－生态互相损害状
态，即牧区经济子系统与草地生态子系统之间相互抑制且呈现恶化状态，
两子系统之间共生关系体现为牧区经济发展是以草地生态破坏为代价的，
而且牧区经济子系统与草地生态子系统也处于相互竞争状态。

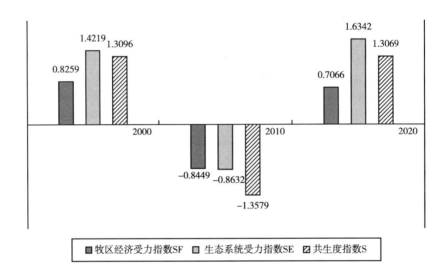

图 6 – 3　内蒙古全区综合特征指数水平测度值

　　总体上看，2000—2010年牧区经济受力指数和生态系统受力指数从正
值变为负值，但2010—2020年两系统的受力指数又提升到正值，表明20
年间内蒙古牧区经济与草地生态复合系统的发展水平不断提高，生态与经
济两个系统发展的耦合共生情况愈加良好。2000年的经济系统、生态系统
的受力指数值分别为0.8259、1.4219，基本处于社会经济发展滞后阶段，
自然资源开发利用程度不高，也表明此时内蒙古生态环境保护较好、环境
污染问题不凸显，但整个牧区经济发展水平较低，农牧民收入较少，政府
对于农牧区的财政支出较少，农牧区的基础设施建设也较为落后。2010年
经济系统数、生态系统受力指数相较于2000年减幅明显，分别为 – 0.8449

和 -0.8632，表明该时期牧区经济发展水平低且面临的生态压力较大，经济发展的负面影响程度高，牧区经济以粗放式发展模式为主，产业结构不合理、生产技术水平较低，自然资源开发利用不合理，经济发展模式亟待转型；对于牧区而言，草地生态系统具有生产和生态双重价值，因此经济发展过渡依赖于草地生态系统的生产服务功能，使此时期草地生态 - 牧区经济复合系统的共生指数相对较低，仅为 -1.3579，经济与生态发展极不协调。2020 年两系统受力指数回升到正值，表明随着经济的发展，草地生态保护与修复逐渐被受到重视，政府也加大了生态保护修复与环境污染治理投资；10 年间共生度指数又增加为正值（1.3069），共生度指数值在三个时间点达到最高，牧区的草地生态与牧区经济复合系统相较于之前年份得到很大程度的改善；然而经济系统受力指数相较于 2000 年有所下降，不难发现内蒙古已由经济发展以牺牲草地为代价的阶段，逐渐过渡到以生态优先推动牧区经济的高质量发展的阶段，生态环境逐渐在改善，生态承载力压力降低，经济产业结构不断调整和优化升级，草地生态与牧区经济系统之间正逐渐走向良好协调发展中。

根据表 6 - 1 可知，经济系统受力指数与生态系统受力指数的正负值直接影响到经济 - 生态互利共生的状态。2000 年牧区的经济 - 生态互利共生关系均为健康，表明牧区经济子系统可以获得来自自然生态的资源并从中获益进而得到发展；牧区经济子系统的增益幅度大于草地生态子系统受到的损失，牧区发展仍处于可持续发展状态，牧区经济与草地生态处于协调发展的状态。2010 年牧区的经济 - 生态互利共生均为恶化，整个内蒙古自治区的草地生态 - 牧区经济复合系统已演变至恶化区，经济发展过渡依赖自然资源，草地生态承载压力增加，使得经济 - 生态发展协调性较差。2020 年草地生态 - 牧区经济共生水平逐渐恢复，牧区可持续发展态势良好。

二、各盟市草地生态 - 牧区经济复合系统评价

（一）基本指数水平测度与分析

依据前述生态安全基本参数测度公式，本书对所研究区域各盟市牧区

经济发展水平指数（F）、环境容量水平指数（C）以及草地生态系统发展水平指数（E）进行测算。计算结果如表6-4所示。将2000年、2010年、2020年的内蒙古12个盟市的牧区经济发展水平指数、环境容量水平指数以及草地生态系统发展水平指数E进行数字列示，为体现不同时间尺度下社会经济发展水平的可比性，依据数理倍数关系将各盟市各年指数以评价值均值的比例作为划分标准，各盟市的基本指数如图6-4所示。

表6-4　　各盟市草地生态与牧区经济复合系统基本指数测度值

盟市\年	经济发展指数（F）			环境容量水平指数（C）			草地生态系统发展水平指数（E）		
	2000	2010	2020	2000	2010	2020	2000	2010	2020
阿拉善盟	0.0734	0.0518	0.0922	0.1326	0.0719	0.1049	0.1567	0.0866	0.1450
锡林郭勒盟	0.1498	0.0716	0.1111	0.3450	0.2764	0.3232	0.2120	0.1531	0.1983
兴安盟	0.0717	0.0351	0.0624	0.1070	0.0865	0.1704	0.1352	0.1096	0.1995
乌海市	0.0445	0.0480	0.0707	0.0465	0.0239	0.0739	0.0928	0.2116	0.0941
巴彦淖尔市	0.1279	0.0877	0.1368	0.1036	0.0714	0.0852	0.1418	0.1255	0.1637
鄂尔多斯市	0.1224	0.1073	0.1378	0.1621	0.1295	0.1694	0.1512	0.1074	0.1644
包头市	0.1195	0.1245	0.1027	0.0733	0.0657	0.1136	0.0608	0.0672	0.1130
呼和浩特市	0.1422	0.1080	0.1631	0.1101	0.0766	0.0701	0.1484	0.0718	0.1323
乌兰察布市	0.1028	0.0496	0.0596	0.1067	0.0835	0.1198	0.1548	0.1250	0.1824
赤峰市	0.1503	0.1053	0.1518	0.1697	0.1269	0.1750	0.1790	0.1149	0.1964
通辽市	0.1609	0.1080	0.1159	0.1029	0.0753	0.1461	0.1467	0.0926	0.1719
呼伦贝尔市	0.1198	0.2271	0.1293	0.2742	0.1471	0.2102	0.2443	0.0995	0.2054

从表6-4和图6-4可以看出，2000年内蒙古12个盟市的牧区经济发展水平指数较高的盟市为呼和浩特市（0.1422）、通辽市（0.1609）、赤峰市（0.1503）和锡林郭勒盟（0.1498），可见该时期经济发展较好的城市除了作为首府城市的呼和浩特，其他经济发展条件较好的地区主要位于内蒙古东部地区，这与东部地区自然因素密切相关，而牧区经济发展水平指数较低的盟市主要分布于西部地区，如阿拉善、乌兰察布市和乌海市的经济发展水平指数仅为0.0734、0.1028和0.0445。2010年牧区经济发展水平指数整体较高的城市为呼伦贝尔市（0.2271），呼伦贝尔市位于内蒙古东北部，大兴安岭以东北-西南走向贯穿呼伦贝尔中部，岭西为呼伦贝

尔大草原，草地资源十分丰富，属于草原畜牧业经济区，依托丰富的自然资源大力发展畜牧业经济，推动牧区经济发展水平有了大步提升，远超内蒙古其他盟市；而该时期除包头市和乌海市经济发展水平指数出现小幅增加以外，其他盟市相较于2000年牧区经济发展水平指数均呈现不同程度的下降，包头市和乌海市作为工业城市，依托地区丰富的矿产资源发展经济；总体来看2000—2010内蒙古绝大盟市牧区经济发展水平较低，经济发展模式仍然以粗放式为主。2020年绝大多数盟市牧区经济发展水平指数相较于2010年有一定程度的提升，且超过2000年经济发展水平指数，可见内蒙古各盟市经济发展在不同时间均出现波动，但整体上是区域稳步提升的态势。

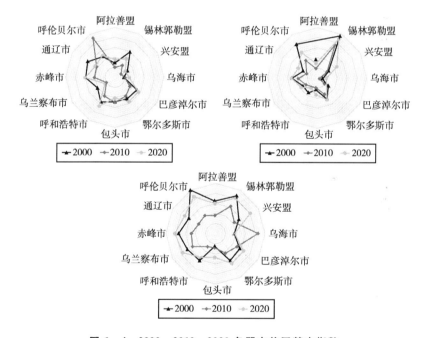

图 6-4　2000、2010、2020 各盟市牧区基本指数

2000、2010、2020 年内蒙古 12 个盟市环境容量水平指数的变化情况和全区发展情况基本保持一致。2000—2020 年各盟市环境容量指数整体上出现先下降后上升的趋势，但环境容量指数的增加与下降的幅度在各盟市之间存在较大的差距，如锡林郭勒盟、呼伦贝尔市、呼和浩特市的环境容量指数峰值出现在2000年，尤其呼伦贝尔市和呼和浩特市2020年环境容

量指数与 2000 年环境容量指数差距较大；此外 8 个盟市的环境容量指数峰值均为 2020 年，且通辽市、包头市与乌海市的环境容量指数均远远高于其余年份，环境容量水平大大提高。2000—2020 年 12 个盟市草地生态系统发展水平指数均呈现先减少后增加的趋势；2000 年乌海市的草地生态系统发展水平指数最弱，这与乌海作为工业城市的经济发展模式有关，草地生态系统发展水平指数最高的盟市为锡林郭勒盟和呼伦贝尔市，两个地区均有着丰富的草地资源，草地面积分布范围广，草地生态系统相较于其他盟市发展水平较高；整体上看，2020 年草地生态系统发展水平指数与 2000 年基本相似，但 2020 年锡林郭勒盟、呼伦贝尔市、阿拉善盟、呼和浩特市的草地生态系统发展水平指数相较于 2000 年均出现小幅度的减少。

（二）耦合共生指数测度与分析

对牧区经济发展水平指数（F）、草地容量发展水平指数（C）和草地生态发展水平指数（E）三个基本指数进行测度后发现，牧区经济系统与草地生态系统之间存在动态的共生关系。依据竞争系数、受力指数、综合特征指数的计算公式，对 2000 年、2010 年及 2020 年内蒙古十二盟市的牧区经济受力指数（S_F）、草地生态受力指数（S_E）、共生度指数（S）进行测算，测算结果如表 6-5 所示。

根据所构建的牧区经济与草原生态评判标准，内蒙古 12 个盟市（阿拉善盟、锡林郭勒盟、兴安盟、乌海市、巴彦淖尔市、鄂尔多斯市、包头市、呼和浩特市、乌兰察布市、赤峰市、通辽市、呼伦贝尔市）于 2000 年、2010 年与 2020 年共生耦合状态如表 6-6 所示。

表 6-5 　　　　　　　　　各盟市综合特征指数测度值

盟市	指数	2000 年	2010 年	2020 年
阿拉善盟	S_F	0.468495349	-0.957407675	0.635734983
	S_E	2.134492909	-0.743845942	1.572982496
	S	1.191133962	-1.403200765	1.301853494
锡林郭勒盟	S_F	0.706659403	-1.784612409	0.56029532
	S_E	1.415108886	-2.638970935	1.784773072
	S	1.341414271	-1.388552787	1.253608952

续表

盟市	指数	2000 年	2010 年	2020 年
兴安盟	S_F	0.530259587	− 0.683440795	0.31288941
	S_E	1.885868778	− 0.605753978	3.196017402
	S	1.233348572	− 1.411652844	1.092675966
乌海市	S_F	0.479630041	− 0.942472478	0.75201358
	S_E	2.084940296	− 1.157873858	1.32976322
	S	1.198734933	− 1.406834677	1.362708123
巴彦淖尔市	S_F	0.902357188	− 0.339997753	0.835210152
	S_E	1.108208604	− 0.336744994	1.197303454
	S	1.40685898	− 1.414197227	1.392292133
鄂尔多斯市	S_F	0.809820312	− 1.124838508	0.838053579
	S_E	1.234841835	− 1.039475836	1.193241131
	S	1.384615668	− 1.413114875	1.393077089
包头市	S_F	1.963804706	0.018050037	0.908681275
	S_E	0.509215604	− 1.27430328	1.100495881
	S	1.218986786	− 0.985736485	1.40781245
呼和浩特市	S_F	0.958243771	− 0.334729882	1.232742431
	S_E	1.04357579	− 0.138750643	0.811199465
	S	1.412930441	− 1.306702271	1.385063461
乌兰察布市	S_F	0.664248761	− 0.402218987	0.326935603
	S_E	1.505460091	− 0.320631869	3.058706331
	S	1.318579382	− 1.405290676	1.100617573
赤峰市	S_F	0.839741674	− 0.79499971	0.772843005
	S_E	1.190842411	− 0.681762633	1.293923854
	S	1.393535991	− 1.410074223	1.371300722
通辽市	S_F	1.096689397	− 0.130904181	0.673768544
	S_E	0.911835204	− 0.137055548	1.484189205
	S	1.408261863	− 1.41384107	1.323929947
呼伦贝尔市	S_F	0.490626547	− 2.661518621	0.629675362
	S_E	2.038210134	− 1.282901574	1.588119942
	S	1.206259102	− 1.335020842	1.298174217

表 6 - 6　2000 年、2010 年与 2020 年各盟市共生耦合水平评判结果

盟市	2000 年	2010 年	2020 年
阿拉善盟	健康	恶化	健康
锡林郭勒盟	健康	恶化	健康
兴安盟	健康	恶化	健康
乌海市	健康	恶化	健康
巴彦淖尔市	健康	恶化	健康
鄂尔多斯市	健康	恶化	健康
包头市	健康	亚健康	健康
呼和浩特市	健康	恶化	健康
乌兰察布市	健康	恶化	健康
赤峰市	健康	恶化	健康
通辽市	健康	恶化	健康
呼伦贝尔市	健康	恶化	健康

为直观展示内蒙古 12 盟市的牧区经济与草原生态耦合共生程度的演变格局，本研究利用 ArcGIS 绘制牧区经济与草原生态耦合共生格局演变趋势，如图 6 - 5 所示。

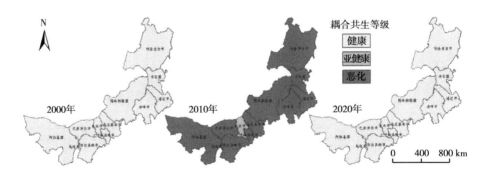

图 6 - 5　牧区经济与草原生态耦合共生格局演变格局

1. 2000—2010 年间耦合共生状态及时空演变

由表 6 - 6 可知，2000 年内蒙古 12 个盟市的牧区经济与草原生态系统均呈现健康状态（$S_F \geq 0$，$S_E \geq 0$，$1 \leq S \leq 21/2$），说明在 2000 年牧区

经济与草地生态系统之间都受到正向作用力，处于相互增益、互利共生的双赢状态。此时期各盟市共生程度由高到低分别为呼和浩特市、通辽市、巴彦淖尔市、赤峰市、鄂尔多斯市、锡林郭勒盟、乌兰察布市、兴安盟、包头市、呼伦贝尔市、乌海市、阿拉善盟。而2010年全区牧区经济与草地生态状况急速恶化，除包头市属于亚健康状态（$S_F > 0$，$S_E < 0$，$-1 < S \leqslant 0$），其他11个盟市均呈现恶化（$S_F < 0$，$S_E < 0$，$-21/2 \leqslant S \leqslant -1$）状态，其中恶化程度由低到高依次是：包头市、呼和浩特市、呼伦贝尔市、锡林郭勒盟、阿拉善盟、乌兰察布市、乌海市、赤峰市、兴安盟、鄂尔多斯市、通辽市、巴彦淖尔市；此时段包头市牧区经济系统获利而草地生态系统受损，大部分地区的牧区经济与草地生态系统之间为相互损害关系。整体看来，2000—2010年间内蒙古牧区经济与草地生态系统耦合共生状态急转直下，从2000年全区绿色健康退化到2010年近乎全区红色恶化。

2. 2010—2020年间耦合共生状态及时空演变

2010—2020年内蒙古12个盟市的牧区经济与草地生态系统均恢复到健康状态（$S_F \geqslant 0$，$S_E \geqslant 0$，$1 \leqslant S \leqslant 21/2$），健康程度从高到低分别是包头市、鄂尔多斯市、巴彦淖尔市、呼和浩特市、赤峰市、乌海市、通辽市、阿拉善盟、呼伦贝尔市、锡林郭勒盟、乌兰察布市、兴安盟；此时期内蒙古全区范围内牧区经济与草地生态系统均为互利共生的双赢关系。

虽然全区整体耦合共生程度向好，但各盟市内部的健康水平恢复度不尽相同。对比2000年与2020年各盟市的健康水平排名，发现通辽市倒退5名、锡林郭勒盟倒退4名、乌兰察布市倒退4名、兴安盟倒退4名、呼和浩特市后退3名、赤峰市倒退1名、巴彦淖尔市排名保持不变、呼伦贝尔市前进1名、鄂尔多斯进步3名、阿拉善盟前进4名、乌海市前进6名、包头市前进8名。整体看来，全区耦合共生排名经历了非常大的变化，包头市、乌海市、阿拉善盟与鄂尔多斯市健康水平提升较大，而通辽市、锡林郭勒盟、乌兰察布市、兴安盟的健康水平下降趋势显著。

第三节　耦合共生状态及演变格局影响因素分析

一、2000—2010 年耦合共生变化因素分析

第一，从全国视角出发来分析，2000—2010 年属于我国牧区经济与生态发展过程中变化最为显著的时期，全国北方牧区草地退化状况明显，草原畜牧业发展遭到严重打击。在此期间尽管牧区经济发展改善了部分牧民的生产和生活水平，但是其经济发展速度落后于农区，牧区贫困问题凸显（袁金霞，2013）；一些地区牧民的绝对收入甚至在下降，呈现贫困化趋势（海山，2007；达林太、郑易生，2010；王晓毅，2009），与此同时牧区贫富差距迅速扩大（僧格，2009；张倩，2014），干旱和畜牧业的迅速市场化导致牧民生计脆弱性问题增加（张倩，2011；王晓毅，2013）。《国务院关于促进牧区又好又快发展的若干意见》（国发〔2011〕17 号）明确指出："牧区发展仍然面临不少特殊的困难和问题，欠发达地区的状况仍然没有根本改变，已成为经济社会发展的薄弱环节""草原生态总体恶化趋势尚未根本遏制，草原畜牧业粗放型增长方式难以为继，牧区基础设施建设和社会事业发展欠账较多，牧区牧民生活水平的提高普遍滞后于农区，牧区仍然是我国全面建设小康社会的难点"。

第二，牧区生态具有原生脆弱性也与自然因素密切相关，如气温和降水量的变动、自然灾害频发等都会加剧生态环境的退化，而牧区经济发展高度依赖自然资源与生态环境，尤其是农牧业抵御自然灾害能力十分有限，一旦遭遇风雪、旱蝗等灾害，就可能出现牲畜大量死亡、瘟疫流行等情况（梁景之，1994），如雪灾发生频繁是北方草原最主要的灾害之一，覆盖范围广且极易造成的损失严重。脆弱的生态环境阻碍草原畜牧业的发展，提高草原畜牧业的抗灾能力，降低草原畜牧业的脆弱性，是新中国成立以来牧区发展的重要目标。

第三，内蒙古天然草原从 20 世纪 60 年代起，基本上就处于饱和利用状态，而该时期在相同草原面积上人口增加近 4.5 倍，牲畜饲养量增加

1.6 倍，人均占有草场面积和牲畜头数分别减少了 77.7% 和 65.7%，这反映出内蒙古草原承载的人口和牲畜已经远远超过其所能承载的极限（温克刚等，2008）。超载过牧导致牧草生长受到抑制，草原得不到休养生息，生产力下降，加之牲畜过度的践踏作用，最终导致草地退化受损，草资源日趋衰竭，草地压力日趋加大。因此，2000—2010 年国家实施了一系列措施以推进牧区发展，内蒙古积极响应国家号召，于 2000 年颁布了草畜平衡政策，通过核定载畜量形成于草原产权制度及放牧制度相统一的技术措施；2002 年以来颁布禁牧休牧、退牧还草等政策，制定了退牧还草计划和补偿标准，并在 2005 年增加了退牧还草工程的补助内容。

第四，内蒙古许多政策的出台忽略牧区的特殊性，如草畜平衡政策，其仅仅考虑了草地的面积及其静态产量，忽略了年度和季节性差异造成的影响。20 世纪 70 年代任继周先生便提出了季节畜牧业，并指出发展季节畜牧业对我国草原畜牧业生产的重要性。忽略季节影响，仅从饲草总产量出发核定载畜量，对于解决普遍存在的季节性草地过载问题效果不显著。另外，草畜平衡机制把草地面积作为主要指标，与当前的畜牧业生产体系不相适应，制约了畜牧业集约化、专业化的生产体系形成，一定程度上限制了专业化的大规模生产，阻碍了现代化产业结构的形成。过去的畜牧业生产方式主要以放牧为主，而如今畜牧业的饲养方式、草料来源都发生了灵活多样的变化，这些新的变化对草原生态系统产生的环境压力也不能再用传统的方式进行衡量。

第五，退牧还草政策虽然在一定程度上改善了牧区的草地生态，但也存在资金支持不足、成本增加过快、制度设计不合理、可持续实施能力差等问题，而根源是因为生态补偿的利益转换机制并未得到很好地体现。补偿主要依靠中央政府和地方政府的财政转移支付，而一些依靠生态和资源获益的地区、产业下游的企业等在生态保护中未承担应支付的费用，"谁保护谁得益，谁获利谁付费"的原则未从根本上体现，外部成本内部化的作用不明显，补偿数额整体上不能反映在保护草原生态环境中牧民付出的真实成本。同时，由于相关配套政策的不完善，在生态保护工程实施和生态环境政策执行中，对牧民进行补贴的同时也增加其生产和生活成本。因此，要充分考虑牧区整体的特点以及各个草原之间的差异，根据各地区的实际情况，制定切合实际的政策措施。

第六，总体看来，2000—2010 年属于国家西部发开发政策的推进阶段，也是内蒙古牧区经济的快速转型时期，在经济高速发展的主需求下，畜牧业生产方式和草原利用方式都发生了很大变化，自然因素、人文因素以及相关草原保护政策的实施共同推动了牧区社会经济转型。在这个变化过程中，牧区原有的互助传统逐渐消失，互惠的社会关系逐渐减弱。并且由于内蒙古草原生态环境脆弱和水资源短缺，在这十年中，尽管基础设施建设等提高了牧区牲畜量和牧民收入，但也由此带来新的脆弱性，表现为牧区自然资源持续退化、生产成本上升和牧民债务增加。因此，2000—2010 年间内蒙古的牧区经济与草地生态系统耦合共生状态急转直下，从2000 年全区健康状态退化到 2010 年近乎全区恶化状态。

二、2010—2020 年耦合共生变化因素分析

第一，随着社会经济系统与自然生态系统逐渐脱离良性循环，国家在全国八个主要草原牧区实施草原保护补助奖励机制，中央财政每年投入134 亿元主要用于草原禁牧补助、草原平衡奖励、牧草良种补助和牧户生产性补助等。草原生态保护补助奖励机制的实施，改变了过去国家生态投入主要通过工程投入的单一途径，实现了工程投入和补助奖励投入相结合的新机制。通过补助奖励对工程投入取得的成果进行巩固，是探索草原生态环境恢复途径的新尝试。同时期，内蒙古作为草原畜牧业大区，陆续出台了《内蒙古草原生态保护补助奖励机制实施方案》《内蒙古禁牧和草畜平衡监督管理办法》《内蒙古嘎查（村）级草原管理办法》《内蒙古禁牧、草畜平衡侧评价标准与方法》《内蒙古人民政府关于鼓励牧民搬迁转移若干优惠政策意见》等政策，尤其在党的十八大以来，内蒙古在经济发展的同时更加注重生态保护与建设，持续推进草地生态保护与修复，完成内蒙古生态保护红线划定，将 50.46% 的国土面积划入生态红线保护范围。通过实施天然林资源保护、退耕还林（草）、退牧还草、"三北" 防护林、京津风沙源治理等重大生态工程，森林面积和蓄积量实现持续的双增长；草原植被覆盖度提升为 45%。2014 年以来，内蒙古年均完成沙化土地治理面

积 1200 万亩，占全国任务的 40%。内蒙古自治区草原植被盖度从 2011 年的 38.2% 提高到 2016 年的 44.8%，草原植被平均高度从 2011 年的 24.89% 提高到 2016 年的 26.51%。此外，畜牧业发展模式的转型升级，传统依靠天然草场的放牧方式逐渐转变为舍饲圈养，也减轻了过载放牧对天然草场的压力。

第二，总体上，2010 年以后内蒙古牧区经济发展呈现出新的格局，以草原生态保护补助奖励政策为代表的政府补贴项目不断增加，草原畜牧业产值所占比重在降低，产业结构不断调整和优化。该时期我国出台了新一轮实施西部大开发的战略，内蒙古在宏观政策引导下生态环境和经济发展开始寻求新的协调发展模式。"十二五"时期内蒙古提倡绿色发展战略，不断推动地区经济发展模式的转变。近年来，内蒙古坚持以生态优先、绿色发展为导向，寻找新的经济增长点；"十三五"期间内蒙古持续加强生态保护力度，不断提高生态文明建设水平，以生态产业化、产业生态化的新思路谋求新发展，在探索经济高质量发展新路径的同时，担起筑牢我国北方重要生态安全屏障的使命。同时，在生态保护方面，退耕还林还草、"三北"防护林建设、水土保持等重点生态建设政策实施已有显著的成效，自然生态环境相较于上一时期已得到较大程度的恢复，2010—2020 年间牧区经济与草地生态系统耦合共生关系逐渐恢复至健康状态，牧区经济与草地生态系统也逐渐从失衡状态走向平衡。

第四节　本章小结

本章在对生态与经济耦合共生发展理论、经济发展－生态环境－资源容量动态机理考量基础上，构建内蒙古草地生态与牧区经济系统复合评价指标体系，探析内蒙古及各盟市草地生态与牧区经济系统的耦合共生度、相对发展度及其对应的时序与空间变化特征，在此基础上分析研究区草地生态与经济发展系统耦合共生变化的主要驱动因素，为内蒙古草地生态与牧区经济耦合共生的管理模式及政策建议的制定提供支撑。

本章主要结论如下：（1）内蒙古自治区及各盟市在 20 年期间经历了

以资源环境为跳板的经济腾飞发展，草地生态受到的影响较大，间接导致了地区自然生态系统受力指数下降速度缓慢，经历了经济发展以牺牲草地为代价的阶段，逐渐过渡到以生态优先推动牧区经济的高质量发展，草地生态与牧区经济系统之间的发展状态向好。（2）内蒙古全区综合特征指数水平在 20 年期间经历了大幅度的波动，由 2000 年牧区经济受力指数、草地生态系统受力指数及共生度指数均为正值转变为 2010 年均为负值再回升到 2020 年的正值，由经济－生态互利共生转变为经济－生态互相损害再过渡到经济－生态互利共生状态。经济受力指数、草地生态系统受力指数和共生度指数在三年期变化差异显著，从侧面反映出牧区经济与草地生态属于共生共存关系。（3）内蒙古全区的草地生态与牧区经济系统耦合共生状态经历了"健康—恶化—健康"的过程。2000 年时内蒙古 12 盟市的草地生态与牧区经济系统均呈现健康状态，该时期草地生态与牧区经济系统之间都受到正向作用力，处于相互增益、互利共生的双赢状态；2010 年绝大多数盟市呈现恶化状态，草地生态与牧区经济系统之间为相互损害关系；2020 年内蒙古 12 盟市的草地生态与牧区经济系统均恢复到健康状态。

第七章 结论与对策建议

第一节 研究结论

本研究以内蒙古自治区 2000 年、2010 年、2020 年草地生态系统与牧区经济系统为研究对象，基于 ArcGIS 地理信息平台、Stata 等计量经济分析平台，以生态－经济耦合共生为逻辑基础与科学起点，一方面运用遥感、气象与社会经济等原始数据，在宏观把握内蒙古草地利用的时空演变基础上，通过 InVEST 模型、CASA 模型与冷热点分析对内蒙古草地生态系统服务进行价值评估、时空异质性分析、权衡－协同效应探究；另一方面，融合可持续发展、生态文明建设理念，构建牧区经济系统综合发展水平评价框架，从经济发展、可持续与统筹协调三维角度对内蒙古牧区经济系统进行测度与分析。最后，在对生态与经济耦合共生发展理论、经济发展－生态环境－资源容量动态机理考量的基础上，借助 DPSIR 框架思路构建内蒙古草地生态与牧区经济系统复合评价指标体系，利用熵权法、Lotka－Volterra 共生耦合测度模型对共生系统特征指数簇内各指数的绝对量、相对量、变化方向与程度进行测度，从而探析内蒙古草地生态与牧区经济系统的耦合共生度、相对发展度及其对应的时序与空间变化特征，并通过原因回溯解耦的方式分析研究区 2000 年、2010 年、2020 年草地生态与经济发展系统耦合共生变化的主要驱动因素，以此提出内蒙古草地生态与牧区经济耦合共生的管理模式及政策建议。主要研究结论如下：

（1）从学科起源角度探析，生态学的英文 ecology 一词起源于希腊文，由词根"oikos"（住所）和"logos"（学问）演化而来；经济学也同样源于"oikos"，由于体现对住所的管理（nomos），所以最后合成了 economy。而继续探究两学科的定义，不难发现生态学是管理自然的科学，经济学则是管理社会的科学，生态学与经济学具有本质统一性；从现实层面考虑，生态与经济的共存状态越来越关乎人类的可持续发展。因此，本书选取生态与经济系统耦合共生为研究主题，以生态系统服务价值评估、经济系统综合发展测度为基础，对生态与经济系统耦合共生的作用机理与演化规律进行深入且细化的探析，提出"一客一主"的研究结论："一客"指的是生态系统与经济系统确实存在跨时空、双因果、"一荣俱荣一损俱损"的客观依存关系；"一主"则是指耦合共生的客观关系会受到人类主观行为的影响，且在未突破阈值前具有可逆性。如随着生态文明建设发展，内蒙古积极改变经济发展目标与结构，内蒙古生态与经济耦合共生状态由 2010 年的红色恶化改善为 2020 年的绿色健康。

（2）对内蒙古地区的草地生态系统服务的物质量和价值量进行研究，评估结果可以显示研究区在评估基期年拥有的草地生态系统服务实物和价值存量（存量价值），在评估周期内实物量和价值量的增减变动情况（流量价值），通过生态系统服务价值量时空演变特征探究其在研究周期内变化的驱动原因。基于此可以全面掌握地区草地生态系统服务的利用现状及变动趋势，解决生态系统管理中现存的问题，如"服务量是多少？开发现状是什么？利用效率如何？未来生态系统承载潜力如何？"，为国家（地区）制定草地生态与经济发展耦合共生政策提供信息支撑。

（3）将实证研究区在研究周期内的草地生态系统服务价值量作为评价草地生态与经济发展耦合共生的具体指标，并与相关经济发展指标之间进行定量的耦合共生分析，其结果可以更直观地反映草地生态与牧区经济之间的动态依存关系，而且将资源约束、人与自然协调加入经济系统综合评价，能更加具体地反映自然生态对经济活动的影响程度。当前以及未来经济增长方式转变的基本特征就是要逐步破除经济发展对自然资源的单向依赖性，如何破除首先要厘清两者之间的关系，才能在资源节约、环境保护前提下实现生态与经济耦合共生的良性发展。基于此，应对生态与经济系统耦合共生发展保持积极态度，对于系统失衡状况，在回溯因果的基础上充分发挥主观能动性，促进生态与经济系统实现由失衡到平衡的动态转换。

第二节　促进生态与经济耦合共生的对策建议

生态系统是生物与环境构成的统一整体，在这个统一整体中，生物与环境之间相互影响、相互制约，并在一定时期内处于相对稳定的动态平衡状态。经济系统以人类为主体，由相互联系和相互作用的若干经济元素结合成，是具有特定功能的有机整体。生态系统与经济系统之间时刻进行着物质、信息和能量的输入、输出交换，本研究也基于时空演化角度证明了生态与经济间存在密不可分、无处不在的耦合共生关系。随着党和国家对人类文明和经济发展规律的认识不断加深，生态文明被纳入国家发展战略。党的十八大后，党和国家为加快生态文明建设做出了一系列决策部署，前后批准了三个国家生态文明试验区，试验区近年来扎实推进改革，大胆探索创新，形成了一批可复制、可推广的生态文明建设制度成果。习近平总书记考察内蒙古自治区时强调，内蒙古的生态状况如何，不仅关系到内蒙古各族群众的生存和发展，也关系到华北、东北、西北乃至全国的生态安全，要努力把内蒙古建设成为我国北方重要的生态安全屏障，同时要求内蒙古要大胆地先行先试，积极推进生态文明制度建设和改革。纵观内蒙古生态与经济系统的发展特征与动态变化，无论是草地生态－牧区经济"由健康变恶化"的恶化阶段，还是"自恶化转健康"的健康阶段，都有许多宝贵的发展规律、经验值得总结与提炼。而推动生态与经济的耦合共生是一项长期任务、系统工程，涉及政策、产业、社会等多维度、全方位的完善与革新。所以，内蒙古作为我国五大牧区之一如何针对自身的区域特点、发展阶段和生态文明实践基础，以生态文明思想为指导有针对性地先行探索并构建一套促进生态与经济耦合共生的政策体系至关重要。

一、政府管控层面

（一）以生态文明思想为指导，先行探索适合牧区的生态文明制度体系

在内蒙古牧区继续探索健全自然资源产权制度、有偿使用制度和资产

管理制度，创新完善自然资源价格形成机制，从法律上对自然资源、自然生态空间的使用及其权利、义务、责任划定边界，确保权利、义务与责任的统一；在草原、沙地以及地下矿产等资源环境合理开发、利用过程中，建立反映市场需求、资源稀缺程度的自然资源有偿使用制度，以及体现生态价值、区际补偿和代际补偿的生态补偿制度。通过对占用各种自然资源和自然生态空间的经济行为征收生态税、环境税、资源税，抑制对国土空间、自然资源和生态环境的不合理开发需求，运用市场化手段实现对稀缺的资源环境容量的优化配置。继续加强牧区生态环境监管制度建设，严格按照主体功能区的定位积极开展资源环境承载能力的评价；建立健全环境预警联动机制，建立资源环境承载能力预警监测机制。积极推行激励与约束并举的节能减排新机制，鼓励牧区盟（市）、旗（县）企业排污效果达到更高标准；充分发挥价格杠杆作用，建立体现市场需求、资源稀缺程度、符合市场规律的自然资源定价机制，建立自然资源有偿使用制度。制定并实施系统的环境经济政策，建立能够反映环境污染、生态破坏价值的环境污染收费制度、环境税收制度、生态环境补偿处罚机制。在牧区积极推进绿色基金、绿色信贷、绿色保险、绿色证券，发挥绿色金融在生态文明建设中的积极作用，有序提高市场参与草原牧区生态文明建设的效力与活力。

（二）完善生态－经济耦合共生政策法规，推进依法治理有效实施

通过对内蒙古草地生态与牧区经济耦合共生与演变格局的研究发现，内蒙古在推动牧区生态恢复、地区经济转型、生态文明建设等方面已经有过许多尝试，积累了丰富的经验，但以往很多改革制度仍未认识到人与自然的根本关系，忽略了生态与经济系统的动态演化规律，如草畜双承包责任制的初衷是为了缓解草原生态、草原畜牧业的脆弱性，但牲畜、草场承包到户后，牧户的生产经营行为也大多遵循经济优先思维，继续不断地追求增加牲畜头数，草畜双承包责任制在长期并未实现预计目标。因此，需要进一步完善生态与经济耦合共生的政策体系，将"优先生态、绿化产业、传承文明、均衡服务、共同富裕"作为耦合发展的政策方针，制定全面的生态－经济耦合共生的法律法规框架，为促进生态－经济协调发展提供更科学、有效的政策保障，同时要定期修订和完善相关政策法规，以适应不断变化的环境和经济状况。加强立法、提升执法力度是保障生态－经济耦合共生发展的稳步基础，确保相关法律的有效执行，建立健全法律监督机制，在立法程序的规范化、科学化的基础上，结合生态与经济共生建设相关领域的政策规划，系统梳理相关法律法规，完善相关空白领域的立法工作，为生态与经济可持续发展提供强有力的法律基础；增强执法力度，坚持生态管理部门教育培训与内部监督相结合，提高执法人员的科学执法意识与执法能力，并通过利用现代技术手段，提升执法效率，做到有法必依，执法必严，维护生态环境和经济秩序。

（三）落实生态补偿机制，推动多维系统协同治理

生态补偿是治理生态环境的重要政策工具，探索行之有效的生态补偿机制是解决生态环境外部性问题的重要方式，也是推动生态与经济耦合共生发展的必要举措。政府必须对生态补偿行动加以指导，在生态补偿机制中，需要始终明确政府、市场、民众的主体地位、关系与作用，科学制定生态补偿标准、明确生态补偿的对象和范围、建立稳定的生态补偿资金来源、建立健全生态补偿的监督与评估体系。首先，中央政府必须对生态补偿行动加以指导，配套的财政转移支付、金融政策、税收政策以及产业政策是打通生态补偿通道的关键引领。其次，地方政府务必形成互信沟通机制，经中央政府审批，建立各地方政府生态补偿沟通协调部门，主要负责生态补偿项目的协商洽谈工作，重点负责生态补偿项目的财政资金沟通和对接工作，确保补偿资金的合理使用和监管，避免滥用和浪费。最后，充分发挥市场主体作用，由政府牵头优先成立一批专注于生态环境建设的非盈利的公益性社会组织，社会组织对接市场中的涉及生态环境的企业主体，包括破坏生态环境活动的企业、参与生态环境保护的环保企业、生态环保领域的资本方等，让公益性社会组织对接企业主体，减少政府和企业在产权不明晰的生态产品领域产生过多接触、衍生腐败，减少外部性问题滋生。

二、产业发展层面

（一）转变经济发展方式，构建绿色经济产业体系

内蒙古作为我国北方种类最全的生态功能区、祖国北疆重要生态安全屏障，其重要性与地位不言而喻。但内蒙古同样面临部分地区经济发展对资源依赖度较高、生态环境较为脆弱等严重问题。因此，为避免"顾经济失生态"现象发生，应该加强顶层设计，按照国家对自治区"两个基地""两个屏障"的发展定位，内蒙古要从全局层面制定生态与经济发展规划体系，尽快建立生态环境保护与牧区经济可持续发展相适应的良性系统。以绿色生态发展为导向调整优化牧区产业结构，以生态优先为原则因地制宜地发展适合草原牧区的资源经济、生态经济，引导各盟市科学合理利用生态资源，优化产业布局与产业结构，消减高耗能、高污染产业的比重，制定合理的开发力度，形成优势互补、有序竞争的生态－经济系统耦合共生格局，确保生态环境保护与经济发展双赢。此外，伴随着不可再生资源消耗、地表浅层资源开发趋于饱和，势必要加大高新技术在经济发展、资源利用中的投入力度，并以此建立资源利用率高、经济稳定性强的绿色环保经济产业体系。基于草原牧区生态敏感脆弱的特点，统筹考虑内蒙古牧区的产业发展方向，摒弃高耗能、高污染企业，以生态优先为原则因地制宜地发展适合草原牧区的资源经济、生态经济，依托现有产业基础、发挥自身资源优势，大力推动产业生态化、生态产业化，以区域协调发展为导向合理进行产业布局，逐步实现差位竞争、错位发展、功能互补的牧区绿色产业结构体系。

（二）合理开发利用生态资源，实现生态与经济可持续发展

本研究的实证分析结果显示，经济与生态共生共存关系十分密切，当经济增长目标过高，经济系统产生的压力会传导至生态系统中，长期的负面效应将会打破社会经济与自然生态共生平衡。因此，在发展经济的同时，还应对生态资源使用进行合理限制，同时加大对生态环境的治理力度。按照国家对自治区的发展定位，内蒙古要建成"绿色农畜产品生产加工输出基地，我国北方重要的生态安全屏障和祖国北疆安全稳定屏障"，

这就要求协调生态环境、资源容量与城镇产业发展的关系，尽快建立生态环境保护与牧区经济可持续发展相适应的良性系统。根据国家《推进生态文明建设规划纲要（2013—2020年）》和主体功能定位确定牧区开发的主体内容和发展的主要任务，划定生态红线，以建立总量保证、布局均衡、结构合理、功能完善，点、线、面相结合的林草植被网络体系为手段，在不破坏生态平衡的前提下，适度开发，形成生产集约高效、生活空间舒适宜居、生态空间山清水秀的牧区空间发展格局。合理开发利用生态资源，一方面是指要促进经济发展、资源开发与生态环境保护、生态社会等的协调发展；另一方面，促进生态与经济耦合共生还应实现社会经济系统内部的协调发展。

（三）继续加大节能减排力度，不断扩大环境容量和绿色空间

随着绿色发展理念深入人心，各方面工作力度不断加大，一些容易解决的问题得到了妥善处置，带动了万元GDP能耗的明显下降，但与发达地区相比，仍有一定差距。工业节能降耗压力逐步增大，未来如果不加快调整产业结构，内蒙古节能降耗成本将会进一步增加。扎实推进节能降耗，加快高耗能高耗水行业节能节水技术改造，实施能效、水效领跑者计划，提高工业用能用水效率。扎实推进清洁生产，加快清洁生产技术改造和有毒有害原料替代，加大对可再生能源（如太阳能、风能、水能等）的开发和利用，减少对传统能源的依赖，进而减少主要污染物排放，削减高风险污染物、挥发性有机物。通过技术进步和管理优化，大力发展循环经济，加大资源循环利用的力度，推广废物回收、再利用和再生产技术，推进工业固体废物综合利用，推动再生资源高效利用。加强生态系统的修复与保护工作，恢复受损的湿地、森林、草原等生态系统，增加自然的生态容量。

三、社会参与层面

（一）加强创新型人才建设，夯实生态－经济耦合发展智力支撑

专业性人才的规模、结构与质量在生态与经济耦合共生中日益起到举足轻重的作用。一是搭建人才引进平台，强化高层次人才对接机制。搜集和整理内蒙古企业现有的创新需求和技术瓶颈，结合产业发展实际，邀请一批研究领域与内蒙古产业和企业创新需求高度契合的两院院士入站。以高等院校、科学研究院等高水平平台为依托，创新体制机制，从全世界范围内吸引生态与经济耦合共生研究领域的战略人才、领军人才和青年人才和高水平团队，力争涉及领域拓展到覆盖全部重点产业。二是加强创新型人才和技能人才队伍建设。以提高技术革新和科技成果转化能力为核心，加快培养造就一批知识全面、技术精湛的知识型高技能人才。围绕重点产业发展，通过学校教育培养、企业岗位培训、个人自学提高等方式，推进技能人才队伍规模扩大升级。三是构建人才聚集发展的战略高地。重点建设航空、电子信息、生物医药、新型化工、装备制造、现代物流、新材料、新能源等产业相关的中高层次企业管理人才、专业技术人才和创业人才。树立国际化视野，紧紧抓住承接沿海地区产业转型的机遇，积极推动与促进高新技术企业研发、生产、销售人员本地化，重点打造企业人才集聚和发展高地，吸引人才入驻内蒙古，为牧区发展作出贡献。四是全面推进科技在生态与经济耦合共生研究与建设中的应用。加强高新技术领域的基础研究投入力度，推动政府加大对生态与经济耦合共生高新技术领域的基础研究基金的支持力度，发挥高校、科研院所的科研优势，推动前沿科学和工程技术的基础研究工作。建立科技成果转化平台，促进科研成果的转移转化，发挥企业在技术创新及其产业化过程中的主体地位，通过设立产业发展基金、优化投融资环境，引导建设一批环境友好型的高科技企业，提升科技创新在经济高质量发展、生态环境保护中贡献度。

（二）加强和谐共生理念教育，促进生态文明建设发展

加强人与自然和谐共生理念教育，对于引导全社会力量支持生态与经济耦合共生发展具有重要意义。一是在内蒙古牧区广泛深入开展生态文明思想教育，继续强化政府和民众的生态文明意识。加强对领导干部的生态文明理念教育，牢固树立"绿水青山就是金山银山"的发展理念，明确政府生态责任，规范政府生态行为，提高生态文明治理和发展能力；强化企业绿色发展理念，加强政策引导，加强环境监督，严格环境执法；继续加强生态文明教育，强化公众环保意识，增强公众社会责任，引导鼓励公众

积极参与生态环境保护行动，形成全社会维护生态环境的良好氛围。强化政府和民众的生态文明意识，重视牧区城镇化带来的环境问题，通过选择合理的城镇化模式、推进城镇化建设的相关制度改革和建立生态文明制度体系推进绿色城镇化建设，有意识地用制度保护草原牧区生态环境。二是构建包含学校、社会、媒体等多方参与的全方位、立体式的大教育体系。学校层面应当建立起覆盖从幼儿教育至中小学教育再到高等教育各个阶段的教育课程体系并纳入必修环节，使之能够感受到人与自然共生的历史；社会层面要鼓励建立生态文明教育公益组织，强化生态文明博物馆建设，举办生态文明科技讲座，为生态文明教育提供更丰富的教育资源与手段，促进海洋知识的普及；媒体传播方面，充分利用电视、广播、网络及微博、微信等社会平台，搭建宣传生态文明知识的大众平台，营造关心生态与经济耦合共生的舆论氛围。

第三节 研究展望

草地生态与牧区经济耦合共生的理论与实证研究基于真实性与可信性程度较高的数据，大量数据的统计与分析可提供较为丰富的参数与指标来反映自然资源利用与变化、经济系统综合发展程度、生态系统运行情况与隐患等，多维度探析草地生态系统与牧区经济系统共生状况决定了未来社会经济与生态环境的走向。本书在构建评估与测度方法体系过程中，尽可能遵循客观科学的基础上简化模型，但在研究过程中不难发现，生态系统与经济系统间存在的非线性、复杂动态关系决定了耦合共生研究会存在参数较多的问题，很多参数的获取需要多个指标进行换算，数据资料的收集耗时较长，过程稍显复杂。今后的研究中可以在保证结果准确性的前提下，进一步简化评估指标，从而加强耦合共生测度模型的操作性与传播性。

本研究运用 InVEST 模型、CASA 模型对内蒙古草地生态系统服务价值评估，在内蒙古草地利用的时空演变基础上，对内蒙古进行时空异质性和冷热点分析以及权衡－协同效应探究，但由于内蒙古整体研究区太大，局部分析不够突出，且并未考虑行政分区与地方政策的差异对当地生态系统服务量的影响，今后的研究应关注局部地区的生态服务价值的研究分析。此外，由于研究的时间区间不连续，不能细分具体年份的经济－生态互利共生值，对三个时间阶段中最接近亚健康状态的 2010 年共生度指数形成值未能做出深入探究。内蒙古自治区共包括 12 个盟市，内蒙古牧区整体经济－生态互利共生水平是由 12 个盟市加总获取的数据，存在 12 个盟市加和后互补的状态，在对内蒙古整体牧区研究中该互补状态无法被消除。

草地是重要的生态资产，为人类福祉提供着巨大的生态系统服务。然而，受全球气候变化和人类活动加剧的影响，造成生态资产消耗过度、人地关系失衡、草地大面积退化和生态系统服务功能下降，导致草地生态环境保护与社会经济发展的问题日益尖锐，其实质是经济系统与生态系统之间暂时无法调和的矛盾，究其根本原因是由于人们对生态与经济耦合共生的概念、内涵、特征及机理认识不够明晰，造成生态与经济系统仍未全面进入良性循环，生态资源的过度消耗，严重影响着生态系统的可持续发展，也威胁着社会经济系统的正常运转。目前对生态与经济耦合共生的认识在学术界还存在较大的分歧，仍未形成成熟的研究范式，因此本研究虽然是对该领域的一次尝试性探索，但仍然存在众多不足之处，期望日后也可以从更多时空维度去探讨生态与经济耦合共生问题，沿着生态文明建设目标进一步深入研究。

参 考 文 献

［1］ Alessandro Gimona, Dan Horst. Mapping hotspots of multiple landscape functions: A case study on farmland afforestation in Scotland ［J］. Landscape Ecology, 2007, 22 (8):

［2］ Bennett Elena M, Peterson Garry D, Gordon Line J. Understanding relationships among multiple ecosystem services. ［J］. Ecology letters, 2009, 12 (12).

［3］ Blythe Jessica, Armitage Derek, Alonso Georgina, et al. Frontiers in coastal well-being and ecosystem services research: A systematic review ［J］. Ocean and Coastal Management, 2019, 185.

［4］ Bradford Mark A, Wood Stephen A, Bardgett Richard D, et al. Reply to Byrnes, et al.: Aggregation can obscure understanding of ecosystem multifunctionality. ［J］. Proceedings of the National Academy of Sciences of the United States of America, 2014, 111 (51).

［5］ Chi Xu, Timothy A. Kohler, Timothy M. Lenton, et al. Future of the human climate niche ［J］. Proceedings of the National Academy of Sciences, 2020, 117 (21).

［6］ Ciara Raudsepp – Hearne, Garry D. Peterson, Maria Tengö, et al.. Untangling the Environmentalist's Paradox: Why is Human Well – Being Increasing as Ecosystem Services Degrade? ［J］. Bio – Science, 2010, 60 (8).

［7］ Claire Kremen. Managing ecosystem services: what do we need to know about their ecology? ［J］. Ecology Letters, 2005, 8 (5).

［8］ Dong Shikui, Shang Zhanhuan, Gao Jixi, Boone Randall B. Enhancing sustainability of grassland ecosystems through ecological restoration and grazing management in an era of climate change on Qinghai – Tibetan Plateau [J]. Agriculture, Ecosystems & Environment, 2020, 287.

[9] Giacomo Fedele, Bruno Locatelli, Houria Djoudi. Mechanisms mediating the contribution of ecosystem services to human well – being and resilience [J]. Ecosystem Services, 2017, 28.

[10] Ian T. Carroll, Bradley J. Cardinale, Roger M. Nisbet. Niche and fitness differences relate the maintenance of diversity to ecosystem function [J]. Ecology, 2011, 92 (5).

[11] James Boyd, Spencer Banzhaf. What are ecosystem services? The need for standardized environmental accounting units [J]. Ecological Economics, 2007, 63 (2).

[12] Jarrett E. K. Byrnes, Lars Gamfeldt, Forest Isbell, et al. Investigating the relationship between biodiversity and ecosystem multifunctionality: challenges and solutions [J]. Methods in Ecology and Evolution, 2014, 5 (2).

[13] Jianguo Liu, Thomas Dietz, Stephen R. Carpenter, Marina Alberti, et al. Complexity of Coupled Human and Natural Systems [J]. Science, 2007, 317 (5844).

[14] John Connolly, Thomas Bell, Thomas Bolger, et al. An improved model to predict the effects of changing biodiversity levels on ecosystem function [J]. Journal of Ecology, 2013, 101 (2).

[15] Jon Paul. Rodríguez, T. Douglas Beard, Jr. , Elena M. Bennett, et al. Trade – offs across Space, Time, and Ecosystem Services [J]. Ecology and Society, 2006, 11 (1).

[16] Josep Peñuelas, Marcos Fernández – Martínez, Philippe Ciais, et al. The bioelements, the elementome, and the biogeochemical niche [J]. Ecology, 2019, 100 (5).

[17] Lars Hein, Kris van Koppen, Rudolf S. de Groot, et al. Spatial scales, stakeholders and the valuation of ecosystem services [J]. Ecological Economics, 2005, 57 (2).

[18] Lindsay Ann Turnbull, Jonathan M. Levine, Michel Loreau, Andy Hector. Coexistence, niches and biodiversity effects on ecosystem functioning

［J］. Ecology Letters, 2013, 16.

［19］ Lisa M. Smith, Jason L. Case, Heather M. Smith, Linda C. Harwell, J. K. Summers. Relating ecosytem services to domains of human well – being: Foundation for a U. S. index ［J］. Ecological Indicators, 2013, 28.

［20］ Oscar Godoy, Lorena Gómez – Aparicio, Luis Matías, et al. An excess of niche differences maximizes ecosystem functioning ［J］. Nature Communications, 2020, 11 (1).

［21］ Power Alison G.. Ecosystem services and agriculture: tradeoffs and synergies ［J］. Philosophical Transactions of the Royal Society B, 2010, 365 (1554).

［22］ Ratcliffe Sophia, Wirth Christian, Jucker Tommaso, et al. Biodiversity and ecosystem functioning relations in European forests depend on environmental context ［J］. Ecology Letters, 2017, 20 (11).

［23］ Robert Costanza, Ralph d'Arge, Rudolf de Groot, et al. The value of the world's ecosystem services and natural capital ［J］. Ecological Economics, 1998, 25 (1).

［24］ Tallis Heather, Polasky Stephen. Mapping and valuing ecosystem services as an approach for conservation and natural – resource management. ［J］. Annals of the New York Academy of Sciences, 2009, 1162.

［25］ Turnbull Lindsay A., Isbell Forest, Purves Drew W., et al. Understanding the value of plant diversity for ecosystem functioning through niche theory ［J］. Proceedings of the Royal Society B: Biological Sciences, 2016, 283 (1844).

［26］ Yangfan Li, Yi Li, Yan Zhou et al. Investigation of a coupling model of coordination between urbanization and the environment ［J］. Journal of Environmental Management, 2012, 98.

［27］ 白玮, 郝晋珉. 自然资源价值探讨 ［J］. 生态经济, 2005 (10): 5 – 7.

［28］ 白永飞, 黄建辉, 郑淑霞, 等. 草地和荒漠生态系统服务功能的形成与调控机制 ［J］. 植物生态学报, 2014, 038 (002): 93 – 102.

［29］曹祺文，卫晓梅，吴健生．生态系统服务权衡与协同研究进展［J］．生态学杂志，2016（35）：3111.

［30］车盈．系统发育多样性对阔叶红松林生产力的影响［D］．东北林业大学，2020.

［31］程宝良，高丽．论生态价值的实质［J］．生态经济，2006，000（004）：32－34.

［32］程宪波，陶宇，欧维新．生态系统服务与人类福祉关系研究进展［J］．生态与农村环境学报，37（7）：9.

［33］丛树民，于广明．矿区土地生态恢复及可持续利用协同理论研究［C］//全国岩石力学与工程学术大会．2006.

［34］戴尔阜，王晓莉，朱建佳，高江波．生态系统服务权衡/协同研究进展与趋势展望［J］．地球科学进展，2015，30（11）：1250－1259.

［35］邓楚雄，刘俊宇，李忠武，等．近20年国内外生态系统服务研究回顾与解析［J］．生态环境学报，2019，028（010）：2119－2128.

［36］董亮，张海滨．2030年可持续发展议程对全球及中国环境治理的影响［J］．中国人口资源与环境，2016.

［37］段瑞娟，郝晋珉，张洁瑕．北京区位土地利用与生态服务价值变化研究［J］．农业工程学报，2006（09）：21－28.

［38］樊杰．"人地关系地域系统"是综合研究地理格局形成与演变规律的理论基石［J］．地理学报，2018（4）：597－607.

［39］范竹华，法永乐，李梅，等．生态演替理论探析［J］．农业与技术，2005，25（001）：99－101.

［40］方创琳，杨玉梅．城市化与生态环境交互耦合系统的基本定律［J］．干旱区地理（汉文版），2006，29（1）：1－8.

［41］方创琳，周成虎，顾朝林，陈利顶，李双成．特大城市群地区城镇化与生态环境交互耦合效应解析的理论框架及技术路径［J］．地理学报，2016，71（04）：531－550.

［42］方创琳．耗散结构理论与地理系统论［J］．干旱区地理，1989（03）：53－58.

［43］冯晓龙，刘明月，仇焕广．草原生态补奖政策能抑制牧户超载过牧

行为吗？——基于社会资本调节效应的分析［J］. 中国人口·资源与环境，2019，29（07）：157－165

［44］傅伯杰，于丹丹，吕楠. 中国生物多样性与生态系统服务评估指标体系［J］. 生态学报，2017（2）.

［45］傅伯杰，张立伟. 土地利用变化与生态系统服务：概念，方法与进展［J］. 地理科学进展，2014，033（004）：441－446.

［46］甘爽，肖玉，徐洁，等. 呼伦贝尔草原草甸生态功能区建设效益评价［J］. 生态学报，2019，039（016）：5874－5884.

［47］高安社，郑淑华，赵萌莉，等. 不同草原类型土壤有机碳和全氮的差异［J］. 中国草地，2005（06）：44－48.

［48］高雅，林慧龙. 草地生态系统服务价值估算前瞻［J］. 草业学报，2014，23（003）：290－301.

［49］耿甜伟，陈海，张行，等. 基于 GWR 的陕西省生态系统服务价值时空演变特征及影响因素分析［J］. 自然资源学报，2020（7）.

［50］韩国栋，康萨如拉，赵萌莉，等. 草地生态系统多功能性研究概述［J］. 草原与草业，2019，31；No.139（04）：7－14.

［51］何谋军. 透析人地关系思想的演进与生态环境［J］. 贵州师范大学学报（社会科学版），2002（03）：11－13.

［52］侯诗雨. 我国农村产业融合水平的测度与评价——基于省级截面数据的分析［J］. 现代商业，2021（21）：74－76. DOI：10.14097/j. cnki. 5392/2021. 21. 023.

［53］黄金川，方创琳. 城市化与生态环境交互耦合机制与规律性分析［J］. 地理研究，2003，22（2）：211－220.

［54］黄有光，张清津 福祉经济学「J］. 东岳论丛，2016，v.37；No.259（001）：5－14.

［55］姜秀娟，高静娟. 熵权法在城市投资环境综合评价中的应用［J］. 市场论坛，2006（09）：22－23.

［56］蒋志刚，马克平. 保护生物学的现状，挑战和对策［J］. 生物多样性，2009，17（002）：107－116.

［57］金相郁. 20 世纪区位理论的五个发展阶段及其评述［J］. 经济地理，

2004 (03): 294 - 298.

[58] 蓝盛芳, 钦佩. 生态系统的能值分析 [J]. 应用生态学报 (1):
129 - 131.

[59] 李鹏, 姜鲁光, 封志明, 等. 生态系统服务竞争与协同研究进展
[J]. 生态学报, 2012 (16): 5219 - 5229.

[60] 李奇, 朱建华, 肖文发. 生物多样性与生态系统服务——关系、权
衡与管理 [J]. 生态学报, 2019, 39 (08): 15 - 26.

[61] 李双成, 张才玉, 刘金龙, 等. 生态系统服务权衡与协同研究进展
及地理学研究议题 [J]. 地理研究, 2013.

[62] 李通, 崔丽珍, 朱佳佩, 等. 草地生态系统多功能性与可持续发展
目标的实现 [J]. 自然杂志, 43 (2): 8.

[63] 李文华. 持续发展与资源对策 [J]. 自然资源学报, 1994, 2 (9):
97 - 106.

[64] 李小云, 杨宇, 刘毅. 中国人地关系演进及其资源环境基础研究进
展 [J]. 地理学报, 2016 (12): 5 - 26.

[65] 李鑫. 生态位理论研究进展 [J]. 重庆工商大学学报: 自然科学版,
2008 (03): 307 - 309.

[66] 李雪梅, 程小琴. 生态位理论的发展及其在生态学各领域中的应用
[J]. 北京林业大学学报 (S2): 294 - 298.

[67] 廖冰, 张智光. 林业生态安全 "指标 - 指数" 耦合与 "指数 - 指
标" 解耦测度研究——以中国三大林区为例 [J]. 农林经济管理学
报, 2020, 19 (03): 352 - 361. DOI: 10.16195/j.cnki.cn36 - 1328/
f.2020.03.38.

[68] 林华荣. 广州市生态系统服务价值的时空演变及其驱动机制分析.
广州大学.

[69] 林开敏, 郭玉硕. 生态位理论及其应用研究进展 [J]. 福建林学院
学报, 2001.

[70] 刘普幸, 孙小舟. 干旱区生态农业与人地关系协调 - 以酒泉地区为
例 [J]. 干旱区资源与环境, 2004, 18 (1): 7 - 7.

[71] 刘起. 中国草地资源生态经济价值的探讨 [J]. 草业与畜牧, 1999 (4).

［72］刘强，李晓．基于福利经济学的生态农业发展困境分析［J］．江苏农业科学，2014，42（011）：459－461.

［73］刘盛和，周建民．西方城市土地利用研究的理论与方法［J］．国际城市规划，2001，000（001）：17－19.

［74］刘兴元，龙瑞军，尚占环．草地生态系统服务功能及其价值评估方法研究［J］．草业学报，2011（1）：167－174.

［75］刘兴元．藏北高寒草地生态系统服务功能及其价值评估与生态补偿机制研究．兰州大学，2011.

［76］刘友多．福建省森林生态区位重要性功能定位研究［J］．华东森林经理，2008，22（3）.

［77］刘玉龙，胡鹏．基于帕累托最优的新安江流域生态补偿标准研究［C］//中国水利水电科学研究院第十届青年学术交流会．

［78］刘玉平，万华伟，彭羽，等．生物多样性贡献人类福祉的研究进展［J］．环境生态学，3（5）：6.

［79］刘志斌，范军富．生态演替原理在露天煤矿土地复垦中的应用［J］．露天采矿技术，2002（05）：27－30.

［80］刘治国，刘玉华，于清军，等．河北省草地生态系统服务价值评估［J］．河北师范大学学报：自然科学版，45（3）：10.

［81］刘治兰．关于自然资源价值理论的再认识［J］．北京行政学院学报，2002（05）：47－50.

［82］龙瑞军．青藏高原草地生态系统之服务功能［J］．科技导报，2007（09）：28－30.

［83］娄佩卿，付波霖，刘海新，等．锡林郭勒盟草地生态系统服务功能价值动态估算［J］．生态学报，2019（11）.

［84］陆大道．对我国"十四五"规划若干领域发展的初步认识［J］．科学中国人，2020，No.435No.436（Z1）：75－77.

［85］马铭，窦菲，刘忠宽，等．生态演替的理论分析［J］．河北农业科学，2009，13（008）：68－70.

［86］梅林海，邱晓伟．从效用价值论探讨自然资源的价值［J］．生产力研究，2012（02）：18－19.

［87］闵庆文，刘寿东，杨霞．内蒙古典型草原生态系统服务功能价值评估研究［J］．草地学报，2004，12（3）．

［88］纳哈德·埃斯兰贝格，何玉长，汪晨．庇古的《福利经济学》及其学术影响［J］．上海财经大学学报，2008，10（005）：89－96．

［89］聂华．森林资源货币计量中的价值论基础［J］．北京林业大学学报，2002（01）：69－73．

［90］牛克昌，刘怿宁，沈泽昊，等．群落构建的中性理论和生态位理论［J］．生物多样性，2009，17（006）：579－593．

［91］欧朝蓉、孙永玉、邓志华、冯德枫．森林生态系统服务权衡：认知，方法和驱动［J］．中国水土保持科学，2020，v.18（04）：154－164．

［92］欧阳玲．人地关系理论研究进展［J］．赤峰学院学报（自然科学版），2008，000（003）：103－105．

［93］欧阳志云，符贵南．生态位适宜度模型及其在土地利用适宜性评价中的应用［J］．生态学报，1996，16（2）：113－120．

［94］欧阳志云，王如松，赵景柱．生态系统服务功能及其生态经济价值评价［J］．应用生态学报，1999，10（5）：635－640．

［95］欧阳志云，王如松．生态系统服务功能、生态价值与可持续发展［J］．世界科技研究与发展，2000，022（005）：45－50．

［96］欧阳志云．生态系统·服务功能·价值评价［J］．科学新闻，1999，15（No.103）：6－7．

［97］彭建，胡晓旭，赵明月，等．生态系统服务权衡研究进展：从认知到决策［J］．地理学报，2017，072（006）：960－973．

［98］齐丹坤．基于生态区位系数的大小兴安岭森林生态服务功能价值评估研究［D］．东北林业大学，2014．

［99］钱彩云，巩杰，张金茜，等．甘肃白龙江流域生态系统服务变化及权衡与协同关系［J］．地理学报，2018，73（5）：868－879．

［100］邱波，王刚．生产力与生物多样性关系研究进展［J］．生态科学，2003，22（3）：265－270．

［101］邱坚坚，刘毅华，袁利，等．人地系统耦合下生态系统服务与人类福祉关系研究进展与展望［J］．地理科学进展，40（6）：13．

［102］任婷婷．太原市农业生态系统服务权衡与协同关系研究［D］．陕西师范大学，2019.

［103］石益丹．呼伦贝尔草地生态系统服务功能价值评价［D］．中国农业科学院，2007.

［104］史培军，宋长青，程昌秀．地理协同论——从理解"人—地关系"到设计"人—地协同"［J］．地理学报，2019.

［105］司金銮．生态需要定律：前提，结构及满足度研究［J］．数量经济技术经济研究（12）：60－63.

［106］祀人．联合国《千年生态系统评估报告》指出地球生态堪忧［J］．生态经济，2005，000（007）：8－11.

［107］粟娟，蓝盛芳．评估森林综合效益的新方法—能值分析法［J］．世界林业研究，2000（01）：33－38.

［108］孙海鸣，刘乃全．区域经济理论的历史回顾及其在20世纪中叶的发展［J］．外国经济与管理，2000（08）：2－6.

［109］田榆寒．耕地生态系统服务协同与权衡关系及管理策略——以慈溪市为例［D］．浙江大学，2018.

［110］涂妍，陈文福．古典区位论到新古典区位论：一个综述［J］．河南师范大学学报（哲学社会科学版），2003（05）：38－42.

［111］王爱民，缪磊磊．地理学人地关系研究的理论评述［J］．地球科学进展，2000，14（4）：415－420.

［112］王大尚，李屹峰，郑华，欧阳志云．密云水库上游流域生态系统服务功能空间特征及其与居民福祉的关系［J］．生态学报，2014，34（01）：70－81.

［113］王德利，王岭．草地管理概念的新释义［J］．科学通报，2019，64（11）：10－17.

［114］王巨林．试析森林生物多样性理论与方法研究及应用［J］．中国林业产业，2016（06）：171－171.

［115］王龙，杨秀英，屈清，等．生态脆弱区人地关系协调的实证研究——以陕西关中沙苑地区为例［J］．长江大学学报自然科学版：石油/农学（中旬），2013.

［116］王鹏涛, 张立伟, 李英杰, 等. 汉江上游生态系统服务权衡与协同关系时空特征［J］. 地理学报, 2017, 72 (011)：2064 - 2078.

［117］王圣云, 沈玉芳. 从福利地理学到福祉地理学：研究范式重构［J］. 世界地理研究, 2011, 20 (002)：162 - 168.

［118］王圣云, 沈玉芳. 福祉地理学研究新进展［J］. 地理科学进展, 2010, 29 (8)：899 - 905.

［119］王炜, 刘钟龄, 郝敦元, 等. 内蒙古草原退化群落恢复演替的研究 I. 退化草原的基本特征与恢复演替动力［J］. 植物生态学报, 1996, 20 (5).

［120］王亚平. 生态文明建设与人地系统优化的协同机理及实现路径研究［D］. 山东师范大学.

［121］王钊. 三江源草地生态服务价值变化及生态补偿研究. 中国地质大学 (北京), 2019.

［122］韦惠兰, 祁应军. 中国草原问题及其治理［J］. 中国草地学报, 2016, 38 (03)：3 - 8 + 20.

［123］魏强. 三江平原湿地生态系统服务与社会福祉关系研究［D］. 中国科学院研究生院 (东北地理与农业生态研究所), 2015.

［124］魏伟忠, 张旭昆. 区位理论分析传统述评［J］. 浙江社会科学, 2005 (05)：184 - 192.

［125］文志, 郑华, 欧阳志云. 生物多样性与生态系统服务关系研究进展［J］. 应用生态学报 2020 年 31 卷 1 期, 340 - 348 页, MEDLINE ISTIC PKU CSCD CA BP, 2020.

［126］翁季, 应文. 生态区位视角下的地域风貌保护与传承研究——以山地地貌类型丰富的四川省为例［J］. 城市规划, 2010, 34 (006)：84 - 88.

［127］吴柏秋. 三江源地区草地载畜功能与水土保持功能权衡与协同关系研究. 江西师范大学.

［128］吴艳霞, 李宇殊, 王彦龙. 黄河流域生态城镇化水平测度［J］. 环境科学与技术, 2020, 43 (7)：224 - 236.

［129］谢高地, 鲁春霞, 冷允法, 等. 青藏高原生态资产的价值评估［J］.

自然资源学报，2003.

[130] 谢高地，张彩霞，张雷明，等．基于单位面积价值当量因子的生态系统服务价值化方法改进［J］．自然资源学报，2015（8）：1243－1254.

[131] 谢高地，张钇锂，鲁春霞，等．中国自然草地生态系统服务价值［J］．自然资源学报．

[132] 谢高地，甄霖，鲁春霞，等．一个基于专家知识的生态系统服务价值化方法［J］．自然资源学报，2008（05）：911－919.

[133] 徐阳，苏兵．区位理论的发展沿袭与应用［J］．商业经济研究，2012（33）：138－139.

[134] 徐再荣．1992年联合国环境与发展大会评析［J］．史学月刊，2006，000（006）：62－68.

[135] 徐筝．《经济协同论》对生态文明建设的创新性认知［J］．经济问题，2021（07）：2+129.

[136] 闫芊．崇明东滩湿地植被的生态演替［D］．华东师范大学，2006.

[137] 严佳鑫．兰州－西宁城市群区域创新生态系统共生性评价［D］．兰州大学，2021. DOI：10.27204/d.cnki.glzhu.2021.002406.

[138] 杨国福．人类—自然耦合系统中生态系统服务间关系研究［D］．浙江大学，2015.

[139] 杨洁，谢保鹏，张德罡．黄河流域生态系统服务权衡协同关系时空异质性［J/OL］．中国沙漠，2021（06）：1－10［2021－10－20］.

[140] 杨丽．不同土地利用情景下赣南森林生态系统服务价值的时空动态评估［D］．南昌大学．

[141] 杨倩，孟广涛，谷丽萍，等．草地生态系统服务价值评估研究综述［J］．生态科学，40（2）：8

[142] 杨殊桐．黄土高原典型流域植被恢复对生态系统服务功能权衡协同关系的影响［D］．西安理工大学，2020.

[143] 杨宇，李小云，董雯，等．中国人地关系综合评价的理论模型与实证［J］．地理学报，2019，74（6）.

[144] 叶茂，徐海量，王小平，等．新疆草地生态系统服务功能与价值初步评价［J］．草业学报，2006（05）：122－128.

［145］伊武军. 人地关系调控与生态环境—以长江洪灾为例［J］. 福建地质, 2001, 20 (001): 41 - 46.

［146］佚名. 人类福祉研究进展——基于可持续科学视角［J］. 生态学报, 2016 (23).

［147］于遵波. 草地生态系统价值评估及其动态模拟［D］. 中国农业大学, 2005.

［148］袁清和, 任一鑫, 王新华. 煤炭产业与煤炭城市协同发展研究［J］. 矿业研究与开发, 2007, 27 (003): 84 - 86.

［149］臧正. 滨海湿地生态系统与区域福祉的双向耦合关系研究. 南京大学.

［150］张光明, 谢寿昌. 生态位概念演变与展望［J］. 生态学杂志, 1997 (06): 47 - 52.

［151］张静静, 朱文博, 朱连奇, 等. 伏牛山地区森林生态系统服务权衡/协同效应多尺度分析［J］. 地理学报, 2020, v.75 (05): 89 - 102.

［152］张玲, 李小娟, 周德民, 等. 基于 Meta 分析的中国湖沼湿地生态系统服务价值转移研究［J］. 生态学报, 2015 (16): 5507 - 5517.

［153］张全国, 张大勇. 生物多样性与生态系统功能: 最新的进展与动向［J］. 生物多样性, 2003, 011 (005): 351 - 363.

［154］张文忠. 区位政策与区域经济发展［J］. 地理科学进展, 1998 (01): 29 - 35.

［155］张文忠. 新经济地理学的研究视角探析［J］. 地理科学进展, 2003, 22 (1).

［156］张雪峰. 草原景观服务时空动态与预测——以内蒙古锡林河流域为例［D］. 内蒙古大学, 2016.

［157］张燕. 西方区域经济理论综述［J］. 当代财经, 2004, 000 (007): 45 - 46.

［158］张智光. 林业生态安全的共生耦合测度模型与判据［J］. 中国人口·资源与环境, 2014, 24 (08): 90 - 99.

［159］赵景柱, 肖寒, 吴刚. 生态系统服务的物质量与价值量评价方法的比较分析［J］. 应用生态学报, 2000 (2): 290 - 292.

［160］近 60 年挠力河流域生态系统服务价值时空变化［J］. 生态学报,

2013，033（010）：3169－3176.

[161] 赵胜男.西北河谷盆地土地生态系统服务协同与权衡时空差异分析 [D].陕西师范大学，2016.

[162] 赵士洞，王礼茂.可持续发展的概念和内涵 [J].自然资源学报，1996（03）：288－292.

[163] 赵士洞，张永民.生态系统与人类福祉——千年生态系统评估的成就、贡献和展望 [J].地球科学进展，2006，21（9）.

[164] 赵士洞.新千年生态系统评估计划第一次技术设计会议在荷兰召开 [J].生态学报（5）：862－864.

[165] 赵同谦，欧阳志云，贾良清，等.中国草地生态系统服务功能间接价值评价 [J].生态学报，2004，1（6）.

[166] 赵同谦，欧阳志云，郑华，等.草地生态系统服务功能分析及其评价指标体系 [J].生态学杂志，2004，23（6）：155－160.

[167] 赵晓迪.基于游客视角的红色旅游资源效用价值评价体系构建与实证研究 [D].南昌大学，2019.

[168] 郑度.21世纪人地关系研究前瞻 [J].地理研究，2002，21（001）：9－13.

[169] 郑伟，石洪华，陈尚，张朝晖，丁德文.从福利经济学的角度看生态系统服务功能 [J].生态经济，2006（06）：78－81.

[170] 周海欧.揭开社会选择的神秘面纱——从阿罗不可能定理到现代福祉经济学 [J].北京大学学报（哲学社会科学版），2005，Vol.42（5）：166－177.

[171] 周洁敏，寇文正.中国生态屏障格局分析与评价 [J].南京林业大学学报（自然科学版），2009，33（005）：1－6.

[172] 周璟茹.旱改水背景下海伦市耕地生态系统服务评估与权衡研究 [D].中国地质大学（北京），2019.

[173] 朱春全.生态位理论及其在森林生态学研究中的应用 [J].生态学杂志，1993（04）：41－46.

[174] 左莉娜.基于生物多样性理论的城市生态廊道系统构建研究 [D].西南交通大学，2012.

后　记

本书是国家社科基金青年项目"城乡融合发展视阈下草原牧区新型城镇化机制创新研究"（18CMZ038）、内蒙古自治区自然科学基金"牧区经济与草地生态耦合共生的时空交互效应测度研究"（2023QN07010）、内蒙古自治区哲学社会科学规划项目"内蒙古持续提升生态系统质量和稳定性研究"（2022ZZB007）、内蒙古自治区高等学校科学研究项目"内蒙古草地生态系统服务效应多维度非线性评估研究"（NJSY21267）等多项课题的研究成果。

课题组基于长期对草原牧区生态与经济发展状况的深入调查和扎实了解，以及十余年专业理论知识与资料的不断积累和储备，得以顺利完成了课题的研究与书稿的撰写。在课题研究过程中，课题组成员团结协作开展了大量的数据收集、整理和分析工作，多次对研究成果进行修改和完善，部分研究成果已在《干旱区资源与环境》《草业学报》《草业科学》《内蒙古社会科学》等刊物上公开发表。硕士研究生李艺格、李同宁、吴芝雨、李道政、马文琪等参与了课题研究和书稿的部分撰写工作，在此对他们的辛苦付出表示衷心感谢。同时，本书的成稿及出版工作得到了内蒙古财经大学校领导和财政税务学院院领导的支持与帮助，也得到内蒙古财经大学学科建设处的大力资助，更是在中国财政经济出版社编辑同志的辛勤工作下才得以按时付梓，在此一并表示最诚挚的谢意！

由于笔者学识有限，时间仓促，书中不足或错谬之处热忱希望得到广大读者以及各领域专家学者的批评指正。

李雪敏

癸卯年农历六月于呼和浩特